Wingsbert House è un marchio diretto da Alberto Grandi

Pubblicato per
Wingbsert House
da Comedit Srl

Largo Marco Gerra, 3 – Reggio Emilia

Promozione Libromania

Distribuzione A.L.I. Agenzia Libraria International

www.aliberticompagniaeditoriale.it
redazione1@comeditsrl.it

Sonia Calimandri
Gabriella de Miranda

LA DIETA SOSTENIBILE

Scelte alimentari che salvano il pianeta

Prefazione di Alberto Grandi

WINGSBERT HOUSE
by Aliberti

Ringraziamenti

A Clio Colombo e a Marco Bastianello, per i loro preziosi consigli e il tempo dedicatoci.

Non possiamo subire quello che mangiamo

G.C.

PREFAZIONE
di Alberto Grandi

In questo libro si parla di come le nostre scelte alimentari condizionino il nostro rapporto con l'ambiente. A prima vista, potrebbe sembrare una constatazione banale, dal momento che mangiare significa, in fondo, interagire con l'ambiente. Ma il fatto è che per noi oggi i confini delle nostre catene alimentari sono illimitati. Se prima della Rivoluzione industriale e soprattutto della rivoluzione dei trasporti, gran parte del cibo veniva consumato in un raggio estremamente limitato rispetto al luogo di produzione, oggi questi limiti non esistono più e di conseguenza l'impatto ambientale delle nostre scelte alimentari si può dispiegare su territori che sono molto lontani e che apparentemente non ci riguardano.

Questo ci riporta a un tema classico dell'economia, perché per quanto gli economisti si sforzino di ridurre le variabili in grado di determinare lo sviluppo di un'area o del mondo intero, vi sono eventi naturali, etici, culturali, sociali, politici i quali con i loro tanti e tormentati aspetti propri della natura, della vita umana e della civiltà costituiscono il più importante fattore causale della materia economica. E cosa c'è di più naturale, di più culturale, sociale e politico che mangiare? Nulla, probabilmente.

Anche l'etica ha molto a che fare con l'alimentazione. Mangiare o non mangiare un determinato cibo passa spesso attraverso la distinzione tra il bene e il male. "L'uomo è ciò che mangia" è l'aforisma sul cibo più citato di sempre. Al punto da diventare una sorta di tormentone. Come tutti sanno, il suo autore è il filosofo tedesco Ludwig Feuerbach (1804-1872), che passò tutta la vita ad affliggersi perché della sua poderosa opera non veniva ricordata che questa unica frase. Forse pochi sanno, però, che il passo incriminato apparve per la prima volta in una recensione che Feuerbach dedicò al *Trattato dell'alimentazione per il popolo* del medico e fisiologo olandese Jakob Moleschott, pubblicato in Germania nel 1850. Un'opera rivoluzionaria, perché faceva della nutrizione il principio motore della storia umana. Ponendo il cibo all'origine della società, del pensiero, della religione e persino delle differenze culturali e di classe.

Di conseguenza la storia dell'umanità potrebbe essere ridotta nella ricerca del cibo perfetto. Il mantenimento dell'equilibrio all'interno del corpo attraverso l'alimentazione è oggi solo un aspetto del problema e di sicuro non ha più nulla a che fare con le strampalate teorie galeniche, ma è comunque un concetto che viene spesso veicolato attraverso i mass media sia nell'ambito dell'informazione scientifica sia, soprattutto, nella pubblicità. Il cibo biologico rappresenta perfettamente questa tendenza: l'idea che attraverso questo tipo di prodotti si mantenga l'equilibrio del pianeta e quindi anche quello del nostro corpo è abbastanza diffusa e spiega bene il successo di questo tipo di alimenti. Lo stesso meccanismo psicologico vale ovviamente anche per i cibi biodinamici, che vi aggiungono anche una dimensione magica.

Ma il fatto che oggi noi ricchi occidentali viviamo nell'abbondanza prefigura uno scenario del tutto nuovo e che deve essere analizzato a parte in questa ricerca del cibo perfetto. Perché oggi sembra plausibile pensare che il cibo perfetto sia quello che nega la possibilità di nutrire. L'avverbio più usato oggi, nel marketing alimentare, infatti, è "senza". Senza grassi, senza glutine, senza OGM, senza zuccheri, senza olio di palma, senza conservanti, senza coloranti e così via, fino al paradosso logico rappresentato dalla definizione che sempre più spesso si trova sulle etichette di molti prodotti: "senza chimica", che equivale a dire, senza tutto.

Questa tendenza, che non può essere definita solo come una moda, è iniziata pochi decenni fa. Basti pensare alla scena del film *Ritorno al futuro* nella quale Marty chiede al barista una «Pepsi senza», con la quale, lui, ragazzo del 1985, intende senza zucchero, ma il barista, che vive nel 1955, capisce senza pagare; perché ancora negli anni Cinquanta l'idea che potesse esistere una bibita senza zucchero era assolutamente priva di ogni ragionevolezza.

Se ci si pensa bene, è l'esatto contrario della cucina galenica, secondo la quale un cibo per essere sano, e quindi anche buono, doveva contenere tutto. In perfetto equilibrio, certo, e qui stava il difficile, ma resta il fatto che una cucina senza qualcosa era comunque una cucina zoppa, se così possiamo dire; priva di uno o più elementi essenziali. La massima ippocratica, fatta propria dallo stesso Galeno, «il cibo sia la tua medicina e la tua medicina il cibo», trova oggi una declinazione estrema, dal momento che ci si è convinti che non esista un cibo del tutto innocuo, per cui l'unico modo per fare del cibo la nostra medicina è non assumerlo.

Questo paradosso ha condotto a un nuovo stadio evolutivo dell'uomo, dopo l'*Homo Coquinarius* di cui ci ha parlato Alexandre Stern, oggi siamo arrivati all'*Homo Dieteticus*, descritto dall'antropologo Marino Niola; dopo millenni nei quali l'uomo si è definito attraverso ciò che mangiava, secondo la già citata affermazione di Ludwig Feuerbach, ora possiamo finalmente asserire che l'uomo è ciò che non mangia. Quantomeno quello che vive nell'ipernutrito Occidente. Intendiamoci, non si tratta di una novità assoluta, perché anche i nobili nelle città medioevali volevano nutrirsi con cibi che non erano quelli dei loro contadini; quindi, anche loro erano quello che non mangiavano; oggi, però è diventata una pratica fisica, ma anche morale, che riguarda salute e salvezza del corpo e dell'anima. Ma soprattutto salvezza del pianeta.

La salute del singolo quindi passa anche attraverso la salvezza del mondo e, almeno in Italia, anche attraverso l'affermazione della propria identità culturale, che nega ogni legittimità e ogni valore alle cucine degli altri Paesi. Ambientalismo e "gastronazionalismo" sono due facce della stessa medaglia, per cui il cibo perfetto è quello che non fa male alla salute, non fa male all'ambiente e permette di ribadire che il proprio modello alimentare è migliore di qualunque altro al mondo. E quindi non c'è solo la dieta vegetariana, vegana, fruttariana e così via, ma per noi italiani c'è soprattutto la dieta mediterranea, che non è assolutamente identitaria in senso storico, ma che lo è diventata negli ultimi decenni.

Anche se oggi i dietologi non si stancano di informare il pubblico sulla necessità di mantenere una dieta equilibrata e che non sia priva in maniera totale di un qualche elemento nutritivo, ma che mantenga tra questi un rapporto corretto, questi richiami vengono costantemente smentiti da chi propone regimi alimentari con logiche completamente diverse. Tutti abbiamo davanti agli occhi la famosa piramide nutrizionale, con alla base frutta e verdura, da assumere ogni giorno e al vertice il sale e gli zuccheri, da limitare al massimo, ma senza rinunciarvi completamente; tutto questo però non ha alcuna influenza su quelle che Niola chiama tribù alimentari. In queste tribù, la funzione salvifica del cibo passa per una sorta di atto di fede e per un atteggiamento integralista che non ammette deroghe e che soprattutto non è disposto al confronto. Chi segue la dieta dei gruppi sanguigni, la dieta fruttariana, o la dieta neolitica non sta solo perseguendo un modello alimentare ideale, ma è convinto di dare il proprio contributo alla costruzione di un mondo migliore.

Nella storia è successo spesso che il cibo facesse parte di un sistema religioso o filosofico e che magari ne fosse un elemento centrale, ma per la prima volta esistono diete che sono delle vere e proprie Weltanschauung. L'elemento unificante di tutti questi modelli alimentari, alla fin fine, è la critica al sistema capitalistico, attraverso il rifiuto della modernità, della produzione industriale di cibo, dell'integrazione dei mercati, della scienza e così via. La dieta neolitica, il chilometro zero, il biologico (o, nella sua versione magica, il biodinamico), il veganesimo, solo per fare qualche esempio, sono manifestazioni diverse di un unico malessere nei confronti di un modo di produzione e di distribuzione che si considera strutturalmente sbagliato e irriformabile. Il cibo è il grimaldello che consente di mettere in crisi questo sistema, probabilmente l'unico, secondo i seguaci di queste diverse religioni alimentari.

Il ribaltamento del rapporto numerico tra produttori e consumatori di cibo, avvenuto con la Rivoluzione industriale, ha provocato anche un cambiamento degli strumenti di contrasto al potere economico. Se prima della Rivoluzione industriale il 70-80 per cento della popolazione doveva lavorare nei campi per poter garantire il cibo anche al restante 20-30 per cento, oggi il 2 per cento della popolazione attiva basta a produrre cibo per tutti. Storicamente il contadino non doveva sapere quanto fosse buono il cacio con le pere, perché se l'avesse saputo avrebbe messo in crisi l'intera economia preindustriale; oggi i contadini sono numericamente irrilevanti, almeno nella nostra parte del mondo, e quindi solo i consumatori hanno il potere di sconfiggere il capitalismo. Tanti movimenti nel mondo sono nati con questo obiettivo e in Italia, ad esempio, tale tendenza è ben rappresentata da un movimento come Slow Food. Il suo fondatore, Carlo Petrini, lo ha proprio teorizzato in molte sue opere e praticamente in tutti i suoi interventi pubblici: c'è qualcosa di profondamente sbagliato e ingiusto nel modo di vivere che il capitalismo ci impone e il consumo di cibo è l'unico strumento che abbiamo in mano per cambiarlo. I consumatori hanno il diritto di pretendere un cibo buono, pulito e giusto: «la gastronomia etica è un cammino verso la liberazione».

Il paradosso è che le scelte e le paure alimentari sono effettivamente in grado di condizionare lo sviluppo economico e i rapporti di forza tra le diverse aree. Basti pensare a cosa ha comportato nel XVI secolo per l'economia del Portogallo la diffidenza del suo popolo nei confronti del tè e del suo promettente commercio. Allo stesso modo, oggi la scelta di molti Paesi europei di vietare lo sviluppo degli OGM o di impedire la ricerca sulla carne coltivata rischia di tagliare fuori dalla competizione internazionale i sistemi agricoli di questi Stati. Il risultato non sarà quello di avere un cibo più sicuro, ma di dipendere interamente da altri Paesi per fare fronte alla domanda interna e anche per sostenere il settore della trasformazione.

Le paure alimentari, quindi, diventano il mezzo con il quale si condizionano le scelte dei consumatori e, attraverso loro, anche le scelte dei governi. Lo fa la pubblicità, lo fanno le lobby, lo fa la politica e lo fanno anche i movimenti ambientalisti e culturali. In tutto questo, la ricerca del cibo perfetto resta un'ossessione che accompagna l'uomo dall'alba della civiltà. Tra paure vere e altre indotte, alla fin fine si cerca un cibo che rassicuri; in fondo, attraverso ciò che si mangia si cerca solo di esorcizzare la paura della vita, o quantomeno ridurne l'incertezza.

In tutto questo, le pagine che seguono ci permettono di affrontare il tema politico ed ecologico con una maggiore consapevolezza, senza lasciarsi condizionare dalle paure irrazionali e da quelle spesso sapientemente costruite da una politica alla ricerca di facili consensi. Ma la transizione dietetica è comunque ineludibile. È necessario rimuovere le contraddizioni profonde di un sistema strutturalmente ingiusto, con troppo cibo in una parte del mondo e troppo poco nell'altra; troppe le calorie del cibo-spazzatura, troppa l'offerta di cibo a ogni angolo e a ogni ora. Come è noto, la produzione della sola carne è responsabile del 18 per cento di tutte le emissioni di anidride carbonica, ed è pari a quella di tutte le attività industriali. Lo stesso discorso vale per il pesce, la cui maggiore sostenibilità è tutta da dimostrare. Insomma, il problema storico della ricerca del cibo perfetto adesso non è più un esercizio teorico, ma la concreta necessità di dare un futuro al genere umano e all'intero pianeta.

LA DIETA SOSTENIBILE

Nota delle autrici

Alimentarsi è un atto biologico ma anche un atto sociale e culturale. Nelle nostre abitudini alimentari contano molti fattori: tradizioni, credenze religiose, consuetudini famigliari e mode.

L'ultima revisione delle *Linee guida per una sana alimentazione* introduce un capitolo tutto nuovo che esprime un concetto fondamentale che è anche il filo conduttore di questo libro: tutti possiamo contribuire alla sostenibilità dell'alimentazione quotidiana. È un invito esplicito a realizzare una transizione Diet-Etica, invito che abbiamo fatto nostro e che intendiamo trasmettere a coloro che hanno abbastanza sensibilità da poterne condividere l'urgenza.

Sonia Calimandri
Gabriella de Miranda

Perché passare a una dieta sostenibile

L'attuale sistema agroalimentare non è più sostenibile. Non corrisponde alle esigenze presenti e future poiché non è in grado di nutrire in modo soddisfacente la popolazione di tutto il pianeta: oltre ottocento milioni di abitanti soffrono la fame e più di un miliardo si ammalano per gli eccessi alimentari.

La complessità di questi equilibri rende il sistema molto fragile, anche se questo concetto sfugge a molti di noi, circondati come siamo da cibo proposto in ogni angolo, e a prezzi sempre più bassi.

Eppure, ricordiamoci che ogni crisi climatica, socio-economica, politica, bellica o finanziaria può facilmente interferire con l'equilibrio del sistema e comprometterne l'abbondanza, che in realtà è solo apparente.

Siamo consapevoli dell'impatto delle nostre scelte alimentari sul sistema in cui viviamo?

Un intero continente di bovini

L'impatto ambientale maggiore è quello dovuto all'allevamento bovino. Ci siamo mai chiesti quanti bovini ci sono nel mondo? Più di un miliardo. Potrebbero essere gli abitanti di un intero continente, e a questi si aggiungono tre miliardi di ovini e caprini, un miliardo di suini e dodici miliardi di polli.

Vediamo, nei diversi Paesi, quanti bovini ci sono per abitante.

In Italia si allevano nove milioni di bovini che corrispondono a un bovino ogni 6,6 abitanti, in Europa c'è un bovino ogni cinque abitanti. Gli Europei in media mangiano più carne degli Italiani. In Sud America ci sono nove bovini ogni dieci persone, quasi uno per abitante. E in Australia la popolazione bovina supera addirittura del 40 per cento quella umana, cioè c'è quasi un bovino e mezzo per ogni abitante. In questo caso però, come anche in Sud America, buona parte della carne viene esportata.

Per rendere meglio l'idea: il 24 per cento della superficie terrestre è occupato, direttamente o indirettamente, da bovini. E se consideriamo che circa il 70 per cento è occupato da montagne, quindi inutilizzabili per qualsiasi attività, i numeri diventano davvero impressionanti.

Negli ultimi sessant'anni, un territorio grande tre volte l'Italia è stato deforestato e destinato a pascoli e terreni coltivati per produrre mangimi.

Ciò che fa impressione è proprio la sproporzione tra l'enorme quantità di bovini allevati, con relativo impiego di terreno per produrre mangimi, e il numero di consumatori della carne ottenuta.

Tutta questa carne è davvero indispensabile?

La risposta è no, la carne non è nutrizionalmente indispensabile. Il muscolo degli animali contiene nutrienti che possono arrivare anche da altre fonti di origine animale come pesce e uova. Parliamo di proteine e ferro che potremmo anche prendere dal mondo vegetale, in particolare dai legumi. Rimarrebbero escluse solo la vitamina B12 e lo zinco, che infatti sono gli unici integratori che i vegani devono assumere per non andare in carenza. Precisiamo: lo zinco, pur essendo presente nei vegetali, in questi non è biodisponibile poiché è in una forma inutilizzabile dall'organismo.

Al di là del fatto che la carne sia gradita a moltissime persone, e che piaccia la condivisione a essa collegata (chi non ama le grigliate con gli amici?), il consumo massiccio di carne dal dopoguerra a oggi è dovuto anche al fatto che è stata per molti uno status symbol: simbolo di ricchezza e di abbondanza. Da qualche decennio oramai sappiamo che l'eccesso di carne è inutile e anche poco salutare poiché può portare a diverse problematiche per la salute, tra cui quelle cardiovascolari, che sono la prima causa di morte nel mondo occidentale.

Pensate che nell'antica Roma i famosi gladiatori, con la loro forza e fisicità, si alimentavano di orzo e fagioli e per questo erano chiamati *hordearii* (*hordeum*, orzo), e il loro stato di salute era ottimo. Questo lo possiamo evincere dai reperti delle loro ossa che presentano un ottimo livello di mineralizzazione e da cui non risulta nessuna malnutrizione.

Forza muscolare ed energia certo non mancavano: la copertura proteica era assicurata dall'accoppiata di cereali e legumi, esattamente come il piatto base della dieta vegetariana.

Gli oceani

Dall'altro lato, anche gli oceani stanno soffrendo. Noi non vediamo cosa succede nelle profondità: i mari e gli oceani sono formati da strati di diverse temperature e salinità, che creano correnti ascensionali che dai fondali portano in superficie il "nutrimento" per il plancton. Se questo meccanismo viene meno, potremmo avere problemi nell'equilibrio della pescosità.

Ricordiamo che oltre la metà dell'ossigeno che respiriamo è prodotto dalle minuscole alghe del plancton in superficie, che assorbe l'anidride carbonica che noi produciamo. Con l'incremento della popolazione mondiale negli ultimi decenni, la nostra dipendenza dalle proteine fornite dagli oceani è rapidamente aumentata. Più della metà degli oceani del mondo è soggetta a pesca su scala industriale, infatti i dati raccolti da alcuni studi mostrano che la pesca industriale copre oltre il 55 per cento dell'area oceanica, con un'estensione spaziale di quattro volte quella delle aree agricole. Inoltre l'85 per cento della pesca d'altura si concentra in appena cinque Paesi. La pesca d'altura è quella che si effettua in acque profonde oltre trenta metri, dove vivono pesci di grandi dimensioni la cui tutela è particolarmente importante per l'equilibrio dell'ecosistema.

Si sa che con la globalizzazione ciò che mangiamo non sempre viene dalla nostra terra o dal nostro mare, quindi è necessario imparare a pensare a livello globale. Se distruggiamo gli ecosistemi marini e la maggior parte dei loro abitanti, impediamo agli oceani di assorbire le nostre emissioni di carbonio.

La salute degli oceani è talmente importante che l'ONU (Organizzazione delle Nazioni Unite) il 5 marzo 2023 ha messo a punto il primo trattato internazionale per proteggere l'"alto mare". Con questa espressione si indicano le acque internazionali, quelle situate a oltre duecento miglia nautiche dalla costa e che non rientrano sotto le giurisdizioni nazionali. Spesso, infatti, si tende a proteggere le aree marine più vicine a riva, ma le acque internazionali sono altrettanto fondamentali in termini di ecosistema.

Ma quali sono i problemi? Innanzitutto le catture accidentali, dette "bycatch", che causano inutilmente la morte del 30 per cento del pescato, che viene scartato perché danneggiato o di basso valore commerciale. Questo avviene principalmente quando si utilizzano le reti a strascico, che hanno un impatto devastante sul fondale in quanto catturano molte specie non commestibili ma essenziali per il mantenimento dell'ecosistema come le spugne e le piante marine. Anche l'utilizzo di palangari di superficie è fortemente deleterio poiché questi strumenti per la pesca, formati da tante lenze corte legate a una centrale, catturano accidentalmente uccelli, tartarughe e squali.

L'altro grande problema deriva dalla plastica.

Sappiamo bene che circa l'80 per cento di tutta la plastica riversata nei mari proviene dai fiumi e che, una volta raggiunti gli oceani, forma vere e proprie isole di plastica.

Ma quanto tempo impiega la plastica per degradarsi? Dipende dal tipo di plastica, ne esistono tanti tipi diversi più o meno facili da degradare, in media si va dai cento ai mille anni. L'attività enzimatica dei microrganismi, alla base della degradazione della plastica, che di solito lavora bene sui rifiuti organici, non funziona nel caso della maggior parte delle plastiche. Questo è il motivo per cui i piccoli frammenti di plastica – le cosiddette microplastiche – continuano a rappresentare un problema per gli ecosistemi e per la salute umana visto che riescono a entrare e accumularsi nella catena alimentare.

PER CHI VUOLE APPROFONDIRE

Cosa sono esattamente le microplastiche?
Si tratta di particelle di dimensioni inferiori ai cinque millimetri di diametro che possono essere prodotte dall'alterazione di oggetti in plastica (microplastiche secondarie) o direttamente dalle fabbriche, già di quelle dimensioni (microplastiche primarie).
Le microplastiche primarie sono quelle che vengono intenzionalmente prodotte di piccole dimensioni, grazie alle loro ottime proprietà abrasive, e si possono trovare nei cosmetici, in dentifrici, in prodotti per la casa o vernici.
Stando ai dati della European Chemical Agency (ECHA), ogni anno ne vengono prodotte 145.000 tonnellate, delle quali 42.000 vengono disperse nell'ambiente.
Le microplastiche secondarie derivano dalla degradazione degli oggetti in plastica in mare, a opera del sole e del mare stesso.
Sappiamo per certo che le microplastiche presenti negli oceani possono essere inghiottite da animali marini e,

attraverso la catena alimentare, arrivare fino a noi tramite il cibo. Negli ultimi anni sono stati effettuati degli studi che hanno dimostrato che le microplastiche possono essere presenti all'interno del nostro organismo. Per stabilire se poi siano dannose o meno serviranno ulteriori approfondimenti in materia.

I tre grandi paradossi del cibo

1. Il divario tra chi ha troppo e chi ha troppo poco continua a crescere. Quasi un miliardo di persone non ha accesso al cibo e più di un miliardo mangia troppo e spesso male, aumentando il rischio di diabete, tumore e patologie cardiovascolari. Oltretutto questo numero è in aumento comportando una spesa sanitaria insostenibile poiché l'obesità compare sempre più precocemente; proprio in Italia, la percentuale di bambini obesi è la più alta d'Europa.
2. La popolazione umana è in competizione con gli animali e con le automobili per il consumo della produzione cerealicola. Si pensi ad esempio che un terzo della produzione dei cereali a livello mondiale è utilizzato per nutrire gli animali da allevamento, e che nei soli Stati Uniti d'America il 45 per cento del raccolto totale di mais è utilizzato per la produzione di biocombustibili per i mezzi di trasporto.
3. Il sistema alimentare globale sarebbe in grado di fornire cibo a tutti gli otto miliardi di abitanti del pianeta, ma un terzo di quanto prodotto viene sprecato.

Il primo paradosso: i Paesi in via di sviluppo hanno accesso al cibo?

Il mondo sta facendo passi indietro negli sforzi per sconfiggere la fame e la malnutrizione.

Uno degli obiettivi dell'agenda 2020-2030 era di azzerare la fame nel mondo (Obiettivo "Fame Zero"), attraverso l'agricoltura sostenibile. Questo obiettivo non solo non sarà realizzato, ma si allontanerà ancora di più a causa di altri fattori aggiuntivi, quali la recente pandemia, i conflitti in corso, le catastrofi naturali, l'aumento vertiginoso dei prezzi degli alimenti essenziali. E, come affermato da Save the Children nel dicembre del 2022, la combinazione di tali fattori ha portato la fame e la malnutrizione a livelli mai raggiunti prima.

Si prevede che il cambiamento climatico avrà ripercussioni avverse sulla food security (garanzia di cibo per tutti), incrementando la dipendenza dei Paesi in via di sviluppo dalle importazioni e accentuando le già precarie condizioni delle popolazioni insediate in tali aree.

Il secondo paradosso: il tema controverso dei biocombustibili

I biocombustibili sono dei carburanti ottenuti dalla trasformazione di prodotti agricoli come grano, mais, bietola, canna da zucchero; questi carburanti dovrebbero sostituire i combustibili fossili tradizionali come benzina e gasolio.

Se pensiamo che questo offra vantaggi all'ecosistema perché non si attinge al sottosuolo per ottenere combustibili, è vero solo in parte. Infatti, nel corso degli anni l'utilizzo della produzione agricola mondiale a scopo energetico ha determinato, come rovescio della medaglia, una riduzione della disponibilità dei terreni agricoli per l'alimentazione umana.

Consideriamo inoltre che tali terreni sono stati altamente sfruttati e impoveriti: senza l'alternanza tipica delle colture tradizionali (cereali e legumi) e con l'abuso di sostanze nocive, i terreni sono stati irrimediabilmente danneggiati col pretesto che i prodotti agricoli per ottenere biocombustibili non sarebbero stati poi destinati al consumo umano. Concludendo, la quota di suolo impiegata per fare biocombustibili è in continuo aumento, il terreno è stato danneggiato irrimediabilmente ed è stato sottratto al suo naturale destino: produrre cibo per gli esseri umani.

Il terzo paradosso: lo spreco

Gli sprechi alimentari impattano sul clima, sulle risorse di acqua, sul suolo e sulla biodiversità.

Secondo la FAO (Organizzazione delle Nazioni Unite per l'Alimentazione e l'Agricoltura) l'enorme quantitativo di cibo sprecato all'anno (parliamo di 1,3 miliardi di tonnellate, pari al 30 per cento del totale prodotto) non solo causa grandi perdite economiche ma incide anche sulla sostenibilità dell'ambiente e sulle risorse che l'uomo stesso deve utilizzare per la propria sopravvivenza. Il rapporto FAO sulle conseguenze degli sprechi alimentari (Food Wastage Footprint: Impact on Natural Resources) descrive come, ogni anno, la quantità di cibo prodotto ma non fruito consumi un quantitativo di acqua pari al flusso di un fiume di grandi dimensioni. Ed è responsabile della produzione di 3,3 miliardi di tonnellate di gas serra.

Tutto ciò, per non parlare della perdita economica per il consumatore finale, che si aggira attorno ai 750 miliardi di dollari all'anno, esclusi pesci e frutti di mare.

Secondo la FAO, gli sprechi alimentari si suddividono tra la prima fase di vita del prodotto, cioè dalla produzione alla distribuzione (13 per cento), e la fase del consumo (17 per cento). E in particolare, nei Paesi in via di sviluppo le perdite avvengono soprattutto nella fase produttiva a causa del clima, del trasporto e della modalità di conservazione non adeguata. Nei Paesi industrializzati, invece, i maggiori sprechi sono registrati a livello di dettagliante o di consumatore, poiché gli standard di qualità richiesti sono troppo alti: il consumatore non accetta prodotti imperfetti – come una mela troppo piccola – perciò questi prodotti vengono scartati e non entrano neanche in commercio.

Il rapporto della FAO ci fa notare che più gli sprechi avvengono a valle della catena alimentare, maggiori sono le conseguenze a livello ambientale, perché si sommano i consumi di tutti i passaggi.

L'Asia è la maggiore responsabile delle emissioni di CO_2, dell'utilizzo del suolo e dell'acqua, in relazione ai grandi quantitativi di cereali prodotti (soprattutto riso); viceversa il settore carne genera un notevole impatto sulle emissioni di CO_2 e di occupazione del suolo, soprattutto nei Paesi ad alto reddito e in America Latina, che insieme sono responsabili dell'80 per cento di tutti gli sprechi di carne. I soli Paesi ad alto reddito raggiungono ben il 67 per cento del totale degli sprechi di carne nel mondo.

Ma cosa possiamo fare noi consumatori? Molto, anzi moltissimo, come vedremo nel prossimo capitolo.

Lo spreco alimentare

Come riportato nel documento Food Wastage Footprint della FAO, con il termine *spreco alimentare* si intende lo scarto intenzionale di prodotti commestibili, soprattutto da parte di dettaglianti e consumatori.

Al contrario, per *perdita di cibo* si intende la riduzione non intenzionale di cibo destinato al consumo umano che deriva da inefficienze lungo la catena di approvvigionamento: infrastrutture e logistica carenti, mancanza di tecnologia, competenze e conoscenze, e capacità gestionali insufficienti.

Tutto ciò avviene soprattutto nella fase di produzione, di post-raccolto e di lavorazione dei prodotti, per esempio quando il cibo non viene raccolto o è danneggiato durante la lavorazione, lo stoccaggio o il trasporto e viene smaltito.

In relazione allo spreco alimentare possiamo distinguerne tre tipi: lo spreco *inevitabile*, quello *possibilmente evitabile* e infine quello *evitabile.*

Lo spreco inevitabile rappresenta il vero e proprio scarto, ad esempio i gusci delle uova, le ossa della carne, i gusci delle noci. Questi scarti vanno direttamente nella raccolta differenziata (nell'umido) e la natura penserà poi a decomporli e ad arricchire il terreno di nuove sostanze.

Lo spreco possibilmente evitabile è costituito da cibi non sempre graditi come ad esempio il pane secco o la buccia commestibile di alcuni vegetali. Il pane secco si può recuperare per preparare svariati piatti, dalle zuppe alle polpette o per fare panature e dolci della cucina popolare. Le bucce, se ben lavate e ben cotte, possono riservare piacevoli sorprese: la zucca e la melanzana, ad esempio, hanno bucce molto saporite e ricche di fitocomposti protettivi per la salute. La buccia dei pomodori, che dopo averli pelati in genere viene buttata, è ottima se essiccata in forno e aggiunta poi alle pietanze.

Lo spreco evitabile è l'insieme del cibo ancora buono che finisce nella spazzatura perché avanzato da piatti troppo abbondanti.

La maggior parte dello spreco domestico, e soprattutto quello della ristorazione, rientra in questa categoria. Porzioni eccessive ed errata pianificazione degli acquisti portano a dover buttare buona parte del cibo.

Nei ristoranti, molti clienti avanzano tranquillamente il cibo nei piatti poiché lo spreco di cibo è diventato ostentazione di benessere: per questo sono ancora rari i clienti che chiedono di portare a casa gli avanzi del proprio pasto, cioè la cosiddetta doggy bag. Stanno prendendo piede invece, nelle grandi città, gli acquisti a fine giornata di alimenti freschi, a prezzo scontatissimo, che altrimenti verrebbero buttati (sistema "too good to go").

Ma c'è dell'altro.

Tra le cause dello spreco a livello domestico vi è l'errata interpretazione dell'etichetta: il *termine minimo di conservazione* viene spesso confuso con la *data di scadenza*.

La dicitura *"Da consumarsi* preferibilmente *entro il..."*, che indica appunto il termine minimo di conservazione, è riferita alla qualità dell'alimento e non alla sua sicurezza igienica; perciò, spesso il consumatore butta via alimenti perfettamente commestibili.

La data di scadenza, presente invece solo negli alimenti freschi e facilmente deperibili, ha una dicitura leggermente diversa: *"Da consumarsi entro il..."*; in questo caso la dicitura garantisce la sicurezza igienica e il prodotto va consumato entro la data indicata.

Non dimentichiamo poi la "trappola" delle offerte: ci lasciamo sedurre dall'acquisto di prodotti in offerta e riempiamo il frigorifero di alimenti che non facciamo in tempo a consumare perché prossimi alla scadenza.

Secondo un'indagine del 2018 svolta in Italia dal CREA (Centro di ricerca Alimenti e nutrizione), confermata ancora nel 2022 dal "World Food Waste Report", gli alimenti che a livello domestico registrano le maggiori quantità di spreco sono: frutta fresca, verdura fresca e pane, ovvero i prodotti freschi. Seguono poi le bevande analcoliche incluso il latte, lo yogurt, i budini e le merende fresche.

Poiché lo spreco varia con l'età della persona, col suo reddito e col suo stato di famiglia, l'identikit dello sprecone è quello di un giovane, single, benestante. Attenzione però, lo spreco ha inizio già in età scolare: nelle mense scolastiche, in media, ogni bambino avanza novanta grammi di cibo nel piatto di cui un terzo ancora intatto. Alcune scuole, osservando che le merende eccessive tolgono l'appetito ai ragazzi all'ora di pranzo, con conseguenti sprechi di cibo, consentono solo il consumo di merende leggere.

Non dimentichiamo poi che col cibo si spreca anche l'acqua: non solo quella contenuta negli alimenti ma anche quella usata per produrli, trasformarli, trasportarli, distribuirli.

E QUINDI COME POSSIAMO CONTRIBUIRE?

1. Cerchiamo di fare la spesa a stomaco pieno: ci aiuterà a evitare acquisti d'impulso.
2. Pianifichiamo la spesa facendo una lista ed evitando acquisti eccessivi di alimenti freschi. Non facciamoci tentare dalle offerte e dalle maxi-confezioni ma atteniamoci alla lista.
3. Pane, frutta e verdura sono gli alimenti più sprecati: compriamo solo le quantità necessarie.
4. Leggiamo le etichette e ricordiamo che solo gli alimenti freschi hanno una data di scadenza che garantisce la sicurezza alimentare: la scritta riportata è "Da consumarsi entro…".
5. Chiediamoci quanto prodotto stiamo acquistando. In che modo va conservato e per quanto tempo.
6. Dopo le feste e i ricevimenti possiamo valutare se suggerire agli ospiti di portare via quello che è avanzato oppure fare un piano per consumare o congelare gli avanzi della festa.

L'agenda 2030

L'Agenda 2030 è un documento sottoscritto nel settembre del 2015 da tutti i Paesi delle Nazioni Unite nel quale viene individuato un piano d'azione per lo Sviluppo Sostenibile del pianeta e delle persone, elaborato in diciassette obiettivi da raggiungere entro il 2030.

«L'Agenda riconosce lo stretto legame tra il benessere umano e la salute dei sistemi naturali e la necessità che lo sforzo venga affrontato da tutti i Paesi, sia quelli in via di sviluppo che quelli più avanzati. Per questo motivo i diciassette obiettivi riguardano tutti, e sono fondati sull'integrazione tra le tre dimensioni dello sviluppo sostenibile (ambientale, sociale ed economica), quale presupposto per sradicare la povertà in tutte le sue forme».

Questo programma non risolve tutti i problemi ma rappresenta una buona base comune da cui partire per dare a tutti la possibilità di vivere in un mondo sostenibile.

Tra gli obiettivi, il n. 2 dice: «Porre fine alla fame, raggiungere la sicurezza alimentare, migliorare l'alimentazione e promuovere l'agricoltura sostenibile».

Nel mondo le persone denutrite si aggirano ancora attorno al miliardo, e si tratta soprattutto di donne e bambini. A causa del rapido incremento della domanda di alimenti a livello mondiale, si stima che la produzione di cibo dovrà essere più che raddoppiata entro il 2050, e che circa il 70 per cento delle persone denutrite vivono ancora di ciò che coltivano. Sul fronte opposto, l'eccesso alimentare, spesso associato alla bassa qualità del cibo, porta all'obesità e alle malattie a essa correlate, nonché agli sprechi.

L'obiettivo n. 2 dell'Agenda si prefigge il raddoppio della produttività agricola e del reddito dei piccoli agricoltori, e affinché l'incremento della produzione alimentare non vada a scapito dell'ambiente, l'obiettivo comprende anche la diffusione delle istruzioni volte a garantire un'agricoltura sostenibile.

Tra gli obiettivi dell'Agenda 2030 troviamo anche quello di dimezzare lo spreco pro capite globale di rifiuti alimentari nella vendita al dettaglio e nelle case dei consumatori, e di ridurre le perdite di cibo lungo le filiere di produzione e fornitura, comprese le perdite post-raccolto.

A che punto è l'Italia col raggiungimento degli obiettivi dell'agenda 2030?

Secondo il direttore scientifico dell'ASviS (Alleanza Italiana per lo Sviluppo Sostenibile), ad oggi, cioè nel settembre del 2023, «l'Italia è "fuori linea" rispetto al conseguimento dei diciassette obiettivi di sviluppo sostenibile dell'Agenda 2030. Per sei obiettivi la situazione è addirittura peggiorata, per tre è stabile e per otto si registrano miglioramenti contenuti». Anche molti altri Paesi sono in grave ritardo, tuttavia questo potrebbe essere in parte recuperato, attuando con urgenza e incisività interventi e riforme. In caso contrario, nel 2030 vivranno ancora in povertà estrema oltre mezzo miliardo di persone, circa

660 milioni di persone saranno ancora senza elettricità e quasi due miliardi faranno ancora affidamento su combustibili fossili e altre pratiche inquinanti; potrebbero volerci almeno venticinque anni per fermare la deforestazione, mentre almeno un milione di specie, su otto milioni oggi conosciute, rischia l'estinzione.

L'impatto ambientale degli alimenti

Per misurare gli effetti sull'ambiente delle attività agro-industriali che producono alimenti, di solito si ricorre all'analisi del ciclo di vita del prodotto. Si tratta di una metodologia di valutazione oggettiva che include l'analisi dell'intera filiera, comprendendo la coltivazione, il trattamento delle materie prime, la produzione, il confezionamento, il trasporto, la distribuzione e l'uso del prodotto. Poi prosegue considerando anche l'imballaggio: il riuso, il riciclo e lo smaltimento finale dell'imballaggio e di eventuali scarti del prodotto.

In pratica vengono valutati i danni ambientali e le risorse consumate durante l'intero ciclo di vita di un prodotto.

Gli indicatori normalmente utilizzati nell'analisi del ciclo di vita di un prodotto alimentare sono l'impronta idrica, l'impronta di carbonio e l'impronta ecologica.

L'impronta idrica

Misura i litri d'acqua che vengono impiegati in tutta la filiera produttiva di un alimento per produrre un chilo di quell'alimento. Nel caso sia di origine animale, oltre all'acqua somministrata agli animali, è conteggiata l'acqua utilizzata per irrigare i campi per produrre foraggi, quella per i lavaggi delle stalle e per ogni altra attività connessa.

Per capire come è distribuita l'acqua sul pianeta, ecco i numeri: il 97,5 per cento dell'acqua è costituito dagli oceani (acqua salata), il 2,5 per cento si trova nelle calotte polari e nei ghiacciai (acqua dolce), ma solo lo 0,6 per cento è concentrato nei fiumi, nei laghi, nelle falde acquifere sotterranee e nell'atmosfera, disponibile per tutti gli esseri viventi. Di questa, il 70 per cento serve per l'agricoltura, i cui prodotti sono usati in gran parte per nutrire gli animali da allevamento, il 22 per cento serve all'industria e l'8 per cento per l'uso domestico.

Della piccola quota di acqua disponibile, in Italia nel 2022 è andato sprecato il 36,2 per cento sotto forma di perdita nella rete di distribuzione degli acquedotti. Queste cifre ci invitano a ragionare attentamente sull'utilizzo dell'acqua se pensiamo che sono necessari: 1300 litri d'acqua per produrre un chilo di grano, ben 16.000 litri per produrre un chilo di carne di manzo, 3400 litri sono necessari per produrre un chilo di riso (cereale ad altissima impronta idrica), 5000 litri per un chilo di formaggio, 500 litri per un chilo di arance e 200 litri per un chilo di pomodori.

E ancora: per una sola tazzina di caffè si consumano ben 140 litri d'acqua e per una fetta di pane 40 litri.

L'uso dell'acqua dev'essere oculato, considerato che il 70 per cento delle terre emerse è a rischio desertificazione, e circa un miliardo di persone nel mondo non ha accesso alle riserve idriche. Considerando infine che in media un essere umano necessita di ingerire due litri di acqua (del resto siamo fatti per il 60 per cento di acqua) il quadro è presto fatto.

L'impronta di carbonio

Misura la quantità di anidride carbonica (CO_2) e di altri gas serra che vengono immessi nell'atmosfera per produrre un alimento e si misura in kg di CO_2 equivalente necessari per produrre un chilo di quell'alimento.

È importante conoscerla perché permette di determinare gli impatti ambientali che le attività di origine antropica hanno sul cambiamento climatico e quindi sul riscaldamento del pianeta. Per gli alimenti incide molto la provenienza dell'alimento e se il trasporto è avvenuto per via aerea o con altri mezzi, perciò, è complicato fare stime precise.

Facciamo l'esempio della carne bovina, alimento con un'impronta di carbonio tra le più elevate. Oltre alla CO_2 che gli animali emettono con la respirazione e al metano che viene liberato dal loro intestino, viene calcolata la quantità di gas serra prodotta dai motori dei mezzi agricoli e di trasporto, dagli impianti di riscaldamento e di refrigerazione, nonché dalle strutture di macellazione. Si stima, con buona approssimazione, che l'impronta è di sedici chili di CO_2 equivalente, e che è 2,5 volte quella di prodotti analoghi come il pesce, il maiale, il pollo o le uova, e quattordici volte quella della frutta (secondo "Il Fatto Alimentare").

Possiamo invece confrontare i contributi nelle emissioni di CO_2 di ogni singolo abitante a seconda del Paese di provenienza.

Tanto per impressionarci un po', un abitante del Congo nel 2020 ha emesso mediamente in atmosfera trenta chili di CO_2, mentre un italiano ne ha emessi 5200, un cinese 7410, un americano 14.240, un cittadino del Qatar 37.000! 1200 volte rispetto all'abitante del Congo.

Se vogliamo vedere invece la quantità totale di CO_2 emessa dai diversi Stati in un anno, espressa in milioni di tonnellate, scopriamo che la Cina è a quota 10.000, in testa alla classifica, seguono gli Stati uniti con 5000, l'India con 2500, la Russia con 1500, poi tutti gli altri.

L'impronta ecologica

L'impronta ecologica di un alimento indica quanti ettari di bosco, terreni da pascolo, terreni coltivabili e mari siano necessari per rinnovare le risorse utilizzate e assorbire i rifiuti generati nel produrre un chilo di quell'alimento. Consente pertanto di valutare gli effetti del nostro consumo di alimenti sulle risorse disponibili sulla Terra.

L'impronta ecologica (Ecological Footprint) è stata sviluppata a metà degli anni Novanta del secolo scorso e si è affermata come indicatore della sostenibilità. Indica quanto l'ecosistema e le risorse naturali della Terra vengano sollecitati.

Le abitudini di consumo della popolazione mondiale causano al momento un deficit complessivo, nel senso che l'umanità avrebbe bisogno un pianeta pari a 1,7 volte la Terra per rinnovare le risorse consumate.

Il calcolo delle impronte ecologiche è piuttosto complesso perché si devono considerare diversi fattori: terreno agricolo, pascoli, foreste destinate alla produzione di legname, superficie edificata, strade. Si misura in ettari al chilo di alimento prodotto.

L'impronta ecologica più alta è quella della carne bovina, seguono, a pari merito, la carne d'agnello, i formaggi, il cioccolato e il caffè. Incredibilmente la carne di maiale, il pollo, il pesce, le uova, il latte e il riso hanno un'impronta nettamente inferiore rispetto alle precedenti e i vegetali sono in assoluto gli alimenti con la più bassa impronta. Si può dunque notare, con una certa sorpresa, che alcuni particolari alimenti di origine vegetale ovvero il cioccolato fondente, il caffè e il riso hanno impronte elevate simili a quella dei prodotti di origine animale.

La dieta mediterranea come modello di dieta sostenibile

Per valutare l'impatto ambientale dei diversi modelli alimentari, vengono prese in considerazione le tre impronte appena viste: l'impronta di carbonio (legata all'emissione di CO_2), l'impronta idrica (legata al consumo d'acqua) e l'impronta ecologica (legata all'utilizzo del suolo).

La quantità di carne presente in una dieta rende alto il valore delle tre impronte a causa dell'elevato consumo di risorse e dell'alta produzione di gas serra. Al contrario, tutte le diete caratterizzate da un elevato contenuto di vegetali e da un limitato contenuto di carne e formaggi hanno un basso impatto sull'ambiente.

La dieta mediterranea riflette uno stile di vita improntato sulla frugalità alimentare, con preponderanza di prodotti vegetali (frutta, ortaggi, legumi, cereali, frutta secca, olio d'oliva) e con piccole quote di alimenti di origine animale (per evitare la carenza di zinco e vitamina B12). Nella dieta mediterranea le porzioni sono moderate per non eccedere rispetto al fabbisogno energetico.

Per le sue caratteristiche, è uno dei modelli più sostenibili per l'ambiente e per la salute i cui effetti sono noti. Questa dieta riduce il rischio di malattie cardiovascolari e di tumori, che sono le malattie che più colpiscono il mondo occidentale.

Gli aspetti legati alla sostenibilità ambientale di questa dieta sono meno noti, come la tutela del territorio e del paesaggio. A questo si aggiungono altri aspetti meno noti che vale la pena ricordare: l'attività fisica quotidiana, il riposo adeguato, la convivialità, la cultura della tavola e delle tradizioni.

Gli approfondimenti sulle frequenze di consumo dei diversi alimenti, su come è nata la dieta, su chi l'ha messa a punto e molto altro verranno analizzati più avanti.

Il benessere animale

Il benessere animale è la qualità della vita dell'animale, sia allo stato brado, sia nell'allevamento, dove il suo sfruttamento può portare stress e impattare negativamente sulla sua salute. Questo concetto si sviluppa negli anni Sessanta come diritto dell'animale di essere libero dalla sofferenza dovuta alle privazioni, alla paura e allo stress e, più in generale, libero da uno stato di salute scadente. Il rispetto del benessere animale diventa, anno dopo anno, una questione sempre più delicata: è un tema molto importante per i consumatori e per le aziende. Il fatto che gli animali possano vivere in condizioni dignitose è strettamente legato al loro rispetto in quanto esseri viventi, e incide direttamente sulla qualità dei prodotti ricavati come uova, latte e carne. Nel 2009 il Trattato di Lisbona ha riconosciuto esplicitamente che gli animali sono esseri senzienti e che l'Unione Europea e i suoi Stati membri hanno la responsabilità, da un punto di vista etico, di prevenire maltrattamenti, dolore e sofferenza.

Oggi il benessere degli animali è parte integrante della nuova strategia "Farm to Fork" (dal produttore al consumatore) dell'Unione Europea, che mira a rendere le pratiche agricole in Europa più sostenibili coinvolgendo l'intera filiera produttiva.

Attraverso il CRENBA (Centro di referenza nazionale per il benessere animale) il Ministero della Salute fissa le linee guida, monitorando la situazione in Italia. Scopriamo meglio cosa significa benessere animale e quali sono le relative norme.

Benessere animale: le cinque libertà

La definizione del CIWF (Compassion in World Farming), ente principale a tutela degli animali da allevamento, associa il benessere animale alla qualità di vita percepita dallo stesso, al suo stato di salute psicofisica e alla possibilità di esprimere i propri comportamenti naturali.

Il CIWF ha individuato le cinque libertà su cui si basa il benessere animale:

- libertà da fame, sete e malnutrizione;
- libertà da dolore, ferite e malattie. È importante eseguire diagnosi, cure e prevenzione;
- libertà da paura e disagio;
- libertà di manifestare i propri comportamenti naturali, caratteristici della propria specie;
- libertà di vivere in un ambiente adeguato alle proprie esigenze, dove potersi riparare e riposare.

Le misure atte a garantire il benessere degli animali variano in base alle specie e al tipo di allevamento che deve essere conforme alla legge rispettando gli standard stabiliti.

La sicurezza della filiera alimentare è direttamente connessa al benessere degli animali, in particolare nel caso degli animali allevati per la produzione di alimenti, dati gli stretti legami esistenti tra il loro benessere e l'insorgenza di malattie di origine alimentare. Eventuali fonti di stress e condizioni di scarso benessere possono avere come conseguenza negli animali una maggiore predisposizione alle malattie trasmissibili. Le buone prassi per il benessere degli animali non solo riducono inutili sofferenze, ma contribuiscono anche a rendere gli animali più sani e gli alimenti da essi ottenuti di maggior qualità.

Per poter sviluppare una politica alimentare che riconosca nel benessere animale il tassello necessario alla sostenibilità, si dovrebbe:

- ridurre il numero di animali allevati;
- rispettare i comportamenti naturali delle diverse specie;
- garantire agli animali l'accesso ad acqua fresca e a una dieta che li mantenga in piena salute;
- eliminare tutte le cause di sofferenza inutili come le mutilazioni.

Riducendo il numero di animali, anche il consumo di prodotti di origine animale diminuirebbe.

Più studi hanno dimostrato che se in UE si diminuisse del 50 per cento il consumo di carne, avremmo ulteriori vantaggi:

- una riduzione delle patologie cardiache e di alcuni tipi di tumore;
- una riduzione del 20 per cento dell'uso dell'acqua di superficie e sotterranea e relativo inquinamento;
- una riduzione del 40 per cento delle emissioni di azoto causate dall'agricoltura;

- una riduzione del 23 per cento dell'utilizzo di terra coltivata;
- una riduzione del 25-40 per cento delle emissioni di gas serra;
- una riduzione del 75 per cento delle importazioni di semi di soia usati come mangime animale.

In Italia esiste un "piano nazionale per il benessere animale" (PNBA), che applica le disposizioni previste dalle norme nazionali e comunitarie, e migliora la formazione dei medici veterinari e degli allevatori riguardo questa tematica. Il "requisito minimo" è che gli addetti abbiano adeguate capacità, conoscenze e competenze professionali, e che queste siano funzionali a conseguire il miglioramento delle condizioni di benessere negli allevamenti.

Il Decreto Ministeriale del 9 maggio 2023 definisce le regole da applicare, oltre che sul benessere degli animali, anche su temi a esso strettamente connessi: norme sul corretto impiego dell'acqua e dei terreni e norme sulla protezione della fauna selvatica. Questo a dimostrazione dello stretto legame tra la salute degli animali e la salute di tutte le altre specie, uomo compreso.

A livello nazionale esiste il Piano Strategico della PAC 2023-2027 (Politica Agricola Comune), che prevede finanziamenti per accelerare il processo di transizione verso un modello di allevamento più sostenibile, migliorare il benessere degli animali, innalzare la qualità delle produzioni agroalimentari, contrastare il fenomeno dell'antibiotico-resistenza e rendere più trasparente il mercato agroalimentare. L'adesione volontaria da parte degli allevatori a un disciplinare di produzione prevede una serie di impegni che prendono a riferimento la sanità animale, la biosicurezza, la gestione dell'intera fase di allevamento e le emissioni nell'ambiente.

Si tratta di aderire a una serie di impegni nelle seguenti tematiche:

- riduzione dell'uso degli antibiotici negli allevamenti;
- adesione al pascolo;
- introduzione di sistemi di gestione innovativi che incrementino il benessere degli animali, come:
  - il miglioramento delle condizioni di stabulazione: aumento dello spazio disponibile, superfici di stabulazione, luce naturale;
  - la fornitura di acqua e mangimi secondo le esigenze naturali;
  - il parto naturale e lo svezzamento tardivo;
  - l'uso di anestetici nei casi di castrazione;
  - il libero accesso degli animali alle aree esterne.

Sostenibilità: tutti possiamo contribuire

Partiamo da alcune riflessioni.

La superficie coltivata può nutrire tutti gli abitanti del pianeta, ma non riesce a nutrire, oltre agli abitanti, anche tutti gli animali da reddito.

Se aggiungiamo le condizioni spesso di grande sofferenza in cui vivono gli animali da allevamento, capiamo bene come la scelta di ciascuno di noi verso un'alimentazione prevalentemente vegetale potrebbe portare benefici su tutti i fronti: la nostra salute, il benessere animale, l'ambiente. Adottare uno stile di vita sobrio e consapevole, riducendo lo spreco e scegliendo alternative di consumo solidali e sostenibili ci aiuterebbe a mantenere un maggior equilibrio nel pianeta. Tutti possiamo contribuire.

Le *Linee guida per una sana alimentazione*, pubblicate nel 2018 dal CREA, hanno aggiunto alle precedenti un tema completamente nuovo al quale hanno dedicato un'intera linea guida: "Sostenibilità delle diete: tutti possiamo contribuire".

Innanzitutto, si parte dalla definizione di "dieta sostenibile". «La dieta sostenibile è una dieta a basso impatto ambientale che contribuisce alla salute delle generazioni presenti e future».

L'intero settore agricolo genera il 30 per cento dei gas serra e la produzione della sola carne, di cui conosciamo bene l'elevato impatto ambientale, è responsabile del 18 per cento di tutte le emissioni di anidride carbonica dovute ad attività umane: è una percentuale uguale a quella dell'attività industriale ed è più alta di quella dell'intero settore dei trasporti, che è del 13 per cento (fonte CREA).

Il caso della carne rappresenta un chiaro esempio di come possiamo fare scelte protettive della salute e contemporaneamente di salvaguardia dell'ambiente: prediligere le carni bianche, ridurre i consumi di carne rossa, sia fresca che trasformata (bovina, suina e ovina), e sostituire spesso la carne con pesce, uova, latticini o con la combinazione di cereali e legumi rappresentano scelte ottimali sia dal punto di vista nutrizionale che da quello ambientale.

Il pesce nella dieta è importante non solo perché ricco di acidi grassi omega-3 (protettivi per il cervello e il cuore) ma anche per le proteine ad alto valore biologico e per il ferro e lo iodio che contiene. Anche con una scelta oculata dei tipi di pesce possiamo fare la differenza in quanto a sostenibilità.

La scelta di pesce di piccola taglia, come alici, sardine, sgombro, oltre a essere un comportamento valido per la salute, lo è anche per l'ambiente.

Lo spopolamento del mare è dovuto soprattutto alla pesca massiccia di pesci grandi come il tonno e il pesce spada (pesci a crescita lenta e pescati talvolta ancora prima dell'età riproduttiva) e delle specie più richieste dal mercato come la sogliola e il merluzzo; basti pensare che delle oltre settecento specie commestibili, ne vengono commercializzate solo il 10 per cento.

Sarebbe opportuno orientarsi più spesso verso specie meno conosciute, qualora ne capiti l'occasione: è la domanda che fa il mercato.

Spostare la domanda sulle specie meno conosciute potrebbe ridurre lo spopolamento del mare.

E per quanto riguarda il pesce d'allevamento?

La qualità del pesce di acquacoltura è migliorata negli ultimi anni; se il pesce è allevato seguendo i criteri di sostenibilità, oltre a essere economicamente accessibile, preferirlo a quello pescato è forse l'unico modo per proteggere le risorse marine selvatiche mantenendo le quote di pescato a livelli sostenibili.

Più avanti impareremo a conoscere i pesci meno noti per poterli scegliere secondo il criterio della sostenibilità.

I prodotti di stagione, a chilometro zero e bio, sono sempre sostenibili?

Per i vegetali l'impatto ambientale può variare molto a seconda del tipo di produzione e di trasformazione. Per esempio, i prodotti fuori stagione, conservati a lungo in celle frigorifere, o coltivati in serra con riscaldamento o illuminazione aggiuntiva, possono implicare un consumo di energia elevato. Senza parlare poi dei surgelati o dei prodotti pronti per l'uso (insalate lavate e verdure pronte): per questi prodotti l'impatto è elevato perché va garantita la catena del freddo durante il trasporto e la distribuzione.

Sicuramente la scelta migliore è di preferire il chilometro zero e l'origine biologica, ma con qualche accorgimento. Vediamo quali.

Normalmente si definisce prodotto di stagione quello coltivato in campo aperto, oppure in serra ma senza l'uso di luce o di riscaldamento aggiuntivo. Il prodotto in genere matura sulla pianta, costa meno ed è più buono, e questa è senza dubbio la scelta più sostenibile.

La scelta del "Chilometro Zero", che senz'altro è tra le migliori, anche perché consente agli agricoltori di guadagnare di più, va però contestualizzata poiché non sempre è sinonimo di sostenibilità.

Se confrontiamo un prodotto agricolo importato coltivato in campo aperto con lo stesso prodotto cresciuto da noi a chilometro zero ma in una serra riscaldata, ecco che l'impatto del prodotto importato risulta essere il più basso tra i due.

Quindi prodotti locali sì, purché siano di stagione.

Concludiamo ora con i prodotti che provengono dall'agricoltura biologica e chiediamoci:

I prodotti biologici sono davvero i più sostenibili?

Partiamo dalla definizione di agricoltura biologica.

«L'agricoltura biologica è un sistema di coltivazione e di allevamento che mira a sostenere la salute del suolo, dell'ecosistema e delle persone. Si basa su pratiche agronomiche adatte alle condizioni locali, che mirano a limitare l'uso di fertilizzanti e fitofarmaci di sintesi», ed è regolamentata da normative di settore.

Tuttavia, anche in questo caso, dobbiamo fare alcune considerazioni.

Le coltivazioni biologiche hanno, in genere, delle rese minori rispetto a quelle tradizionali; perciò, può essere necessario impiegare più superficie per avere lo stesso quantitativo di prodotto e, come abbiamo visto, il maggior consumo di suolo fa aumentare l'impronta ecologica. Sicuramente i prodotti biologici, se sono anche di stagione e a chilometro zero, sono i più sani ma di certo non sono né i più sostenibili né i più economici.

Se ne deduce quindi che non esiste un'unica formula per ottenere la sostenibilità in assoluto, ma solo l'equilibrio dei vari fattori, il buon senso e le scelte personali possono nell'insieme portarci verso un miglioramento possibile che, sebbene non sarà totale, è il primo passo verso un cambiamento sostenibile.

Nel campo delle produzioni animali, le produzioni biologiche assicurano un maggior benessere dell'animale: le strutture per l'allevamento sono dimensionate al carico di bestiame, l'alimentazione è basata su foraggi e pascolo e su mangimi anch'essi di produzione biologica.

Questo è per noi un elemento di grande importanza.

Se consideriamo inoltre che tutti gli animali concentrano nei loro tessuti le sostanze tossiche ingerite attraverso il fenomeno della biomagnificazione, nel caso dei prodotti biologici di origine animale, le sostanze tossiche sono assenti o ridotte al minimo.

Purtroppo, i prodotti biologici sono più costosi rispetto ai tradizionali, sia vegetali che animali, e sta a noi scegliere se spendere un po' di più. Per la tutela della salute, soprattutto dei bambini, uno sforzo economico vale la pena di essere compiuto acquistando questi prodotti, sicuramente più sani anche se non sempre sostenibili.

Solidarietà e giustizia sociale

Possiamo, con i nostri acquisti, incidere sulla giustizia sociale?

Esistono due modalità che permettono di orientare i consumi in maniera socialmente responsabile: preferire un particolare canale d'acquisto o preferire un prodotto a un altro. Il consumatore può scegliere i prodotti della cosiddetta "agricoltura sociale", piccole aziende o cooperative agricole impegnate, ad esempio, a coltivare terreni confiscati alle mafie. Un canale d'acquisto socialmente rilevante è il Commercio Equo e Solidale, che riguarda i prodotti alimentari importati da alcuni Paesi del Sud del mondo. Questi prodotti hanno prezzi più alti e, poiché vengono da lontano, hanno un certo impatto ambientale ma in ogni caso, essendo prodotti tropicali (tè, caffè, cacao, banane, ananas) non potrebbero essere coltivati in Italia; perciò, se si presenta l'occasione, ben venga l'acquisto Equo e Solidale.

Gli imballaggi

Gli imballaggi sono utili, ma come possiamo fare per ridurli?

L'imballaggio ha lo scopo di proteggere e conservare l'integrità dell'alimento, ne allunga i tempi di conservazione e, attraverso l'etichetta, veicola tutte le informazioni necessarie per chi lo acquista. Gli imballaggi possono essere biodegradabili (e sono da preferire in quanto, dopo l'uso, tornano a far parte della natura) o non biodegradabili, in questo caso resteranno nell'ambiente (e andrebbero limitati al minimo). Ci sono anche imballaggi composti da più materiali, a volte difficili da separare e da smaltire correttamente.

I materiali da imballaggio più usati sono senz'altro le plastiche in quanto versatili, economiche, resistenti, leggere, impermeabili; l'industria alimentare non riesce a farne a meno. Il problema è che, oltre a non essere biodegradabili, sono insidiose perché si possono frammentare (microplastiche) e raggiungere gli organi interni causando danni non ancora del tutto noti.

Pochi sanno, invece, che le plastiche rilasciano componenti pericolosi, gli interferenti endocrini, che hanno effetti gravi sulla salute degli animali, in particolare le specie acquatiche, ma anche su di noi che, consumando alimenti a diretto contatto con le plastiche, involontariamente li introduciamo.

Gli interferenti endocrini, come dice il termine, interferiscono col sistema endocrino, che produce gli ormoni. Si tratta di sostanze che assomigliano agli ormoni e ingannano il nostro sistema endocrino alterandone il funzionamento. Così come gli ormoni, gli interferenti endocrini riescono ad agire anche in concentrazioni davvero minime e a fare comunque gravi danni. Con tutta probabilità, la progressiva infertilità di alcune specie acquatiche e dell'uomo è strettamente correlata con l'ingestione di queste sostanze.

Perciò, cosa raccomandare ai consumatori?

- Scegliere i prodotti con meno imballaggio, soprattutto se l'imballaggio è di plastica. Ad esempio: tra la frutta già imballata in vaschetta di plastica e quella sfusa da mettere nei sacchetti di materiale compostabile, va scelta senz'altro quest'ultima;
- poiché il rilascio degli interferenti endocrini è maggiore se l'alimento è ricco di grassi (come burro, olio, salumi e formaggi) o di alcol, evitare di acquistare questi prodotti a diretto contatto coi contenitori di plastica. Poiché il tempo e l'alta temperatura influiscono sul loro rilascio, ridurre al minimo i tempi e le temperature di contatto;
- preferire, se si può scegliere, un imballaggio minimo e biodegradabile;
- riciclare correttamente carta, vetro e metalli, in particolare il prezioso alluminio;

- leggere in etichetta come smaltire l'imballaggio e poi farlo correttamente;
- preferire, se possibile, l'acqua del rubinetto, poiché regolarmente controllata e ottima fonte di calcio.

Un altro tema affrontato nelle linee guida del CREA a proposto di alimenti sostenibili è quello relativo al consumo di pesce. Poiché esso è un alimento prezioso e la salute dei mari è ad alto rischio, ci è sembrato opportuno dedicargli un intero capitolo.

Il pesce e le nostre scelte del futuro

Lo spopolamento progressivo dei mari porta come estrema conseguenza all'estinzione delle specie ittiche. Si stima che nel 2048 i nostri mari saranno fortemente compromessi avendo superato da anni la soglia critica tra la pesca e la capacità riproduttiva dei pesci.

Per sapere se una specie è in pericolo, si fa riferimento a una classifica legata alla capacità riproduttiva delle diverse specie: un pesce di grossa taglia ha bisogno di molti anni per crescere e per riprodursi, perciò è maggiormente a rischio di estinzione rispetto ai pesci piccoli.

I DIVERSI LIVELLI DI RISCHIO DI ESTINZIONE
"specie in estinzione": la più allarmante, se è in grado di riprodursi solo in cattività
"specie in pericolo critico": specie con alta probabilità di estinzione nel breve periodo
"specie in pericolo": specie con media probabilità di estinzione nel medio periodo
"specie in minaccia": se esiste un crescente rischio di estinzione nel medio periodo

"specie vulnerabile": specie con media probabilità di estinzione nel lungo periodo

"specie di minor preoccupazione": specie con bassa probabilità di estinzione

Ecco qualche esempio di pesci ad alto rischio di estinzione secondo i dati della IUCN (International Union for Conservation of Nature):

- in pericolo critico: anguilla, ombrina boccadoro;
- in pericolo: cernia, rombo chiodato, palombo;
- quasi minacciato: nasello, merluzzo, pesce spada, tonno rosso;
- vulnerabile: sgombro.

Ma perché un pesce è sostenibile e un altro no?

Un pesce viene definito sostenibile considerando diversi parametri: la sua vitalità a lungo termine, la sua capacità e velocità riproduttiva, ma anche con valutazioni circa la grandezza, la provenienza, la stagionalità.

In quest'ottica va considerato anche il tipo di pesca, che può favorire o meno la salute del mare e dei suoi abitanti.

«Per pesca sostenibile si intende prelevare dal mare solo ciò che serve, usando soltanto attrezzi artigianali a basso impatto sull'ambiente e sulla fauna marina, nel rispetto delle leggi vigenti».

Questi sono i tre pilastri della definizione di pesca sostenibile dettati da MSC (Marine Stewardship Council), che esprime le regole cui devono uniformarsi coloro che vogliono essere certificati (da un organismo indipendente da MSC) per poter apporre il marchio MSC sui loro prodotti ittici.

Le modalità sostenibili di pesca includono lampare, nasse e trappole, ami, palangari di fondo (lenze multiple), rete da raccolta non a strascico.

Ma noi consumatori come ci orientiamo in questo complesso meccanismo di regole, tra normative e rispetto del mare?

Esistono degli standard, sia per i pesci di acqua salata che di acqua dolce, tramite i quali le aziende che si occupano della pesca e dell'imballaggio possono dimostrare di avere rispettato la salvaguardia delle acque e degli animali. Per salvaguardare gli oceani dalla sovrapesca, che secondo la FAO interessa oltre il 34 per cento delle popolazioni ittiche, si ricorre allo Standard MSC, che garantisce anche i mezzi di sussistenza alle comunità coinvolte direttamente e indirettamente nel settore della pesca.

Per quanto riguarda invece i pesci di acqua dolce, si ricorre allo standard ASC (Aquaculture Stewardship Council), il cui marchio certificato è applicato sui prodotti per facilitarne il riconoscimento da parte del consumatore. L'ASC, infatti, ha come missione quella di promuovere pratiche ambientalmente sostenibili, dove i pesci vengono allevati in modo responsabile: questo permette di dimostrare ai consumatori che i pesci sono stati allevati con un impatto sociale e ambientale ridotto al minimo.

Un'indicazione spesso sottovalutata dai consumatori è l'area di cattura, che viene indicata spesso con un numero sulle etichette del pesce, ed è la zona FAO. Per capire come acquistare il pesce buono proveniente da una zona davvero sicura ci viene quindi in aiuto l'"impronta" globale della pesca industriale, che è stata stilata dai ricercatori in base alle zone di pesca e alle modalità di cattura.

Quanti si sono accorti, e successivamente domandati cosa volesse dire quel numero? È, in verità, un'informazione importantissima, alla quale spesso probabilmente non viene dato il giusto peso o che proprio non viene notata. Si tratta della zona esatta in cui il pesce, o il mollusco, è stato catturato.

Questo numero informa l'acquirente non solo sul mare, ma anche sull'eventuale bacino interno in cui è avvenuta la pesca, e deve riguardare non solo il pesce fresco ma anche quello conservato (per esempio il tonno in scatola).

Sulla base del numero indicato sulla confezione è possibile risalire al luogo di cattura del pesce. Le zone più pulite e più vicine a noi sono la n. 37 (Mar Mediterraneo) e la n. 27 (Oceano Atlantico nordorientale).

Altre aree relativamente vicine possono essere: la n. 34 dell'Oceano Atlantico centrorientale, che lambisce l'Africa nordoccidentale, e la n. 51 dell'Oceano Indiano occidentale che lambisce l'Africa orientale.

Quali sono invece le zone più inquinate, da evitare? La n. 61 e la n. 71, che sono interessate dal disastro nucleare avvenuto a Fukushima, in Giappone, nel 2011.

Tutte le altre zone sono consultabili nella mappa pubblicata sul sito della FAO (www.fao.org).

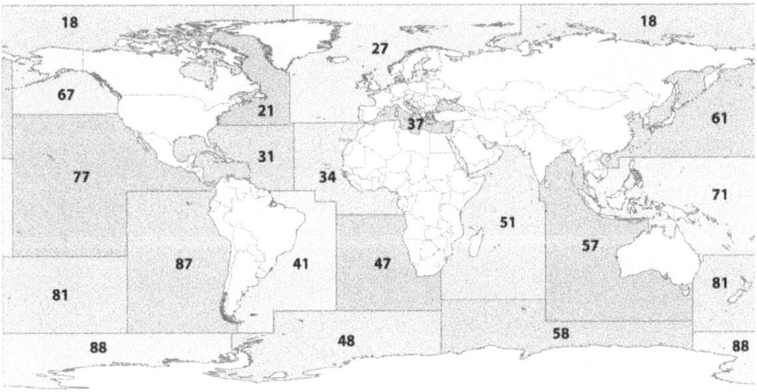

Quali sono invece le specie da evitare? Sono le specie che meglio conosciamo, le più consumate e le più richieste, a partire proprio da salmone e pesce spada, in cima alle classifiche degli acquisti. Seguono tonno rosso, merluzzo, dentice, cernia, verdesca e palombo (squali), rombo chiodato, nasello e crostacei. E vediamo perché.

Il **pesce spada** è richiestissimo ed è diventato a rischio estinzione a causa della pesca di frodo, anche verso gli esemplari più giovani, che ne limita così la riproduzione. Inoltre, strumenti e reti usati per la pesca spesso danneggiano altre specie, come tartarughe e capodogli, provocando un danno inestimabile a tutto l'ambiente marino.

Il **salmone** sta davvero scomparendo. A causa dell'elevata richiesta degli ultimi vent'anni, sono state sovrasfruttate le aree di salmone selvaggio europee e americane del Baltico. Per contro, sono stati avviati moltissimi allevamenti e acquacolture, in genere con metodo intensivo.

Il **tonno rosso**. È il più pregiato, il più ricercato, il più mangiato. Ha un'importanza economica incredibile, a causa del fatto che è molto apprezzato per l'enorme diffusione della scelta alimentare di sushi, sashimi, e poke, sempre in crescita. A causa dell'impossibilità di allevare il tonno rosso, si è sovrasfruttato il bacino naturale, allungando il periodo di pesca anche di tre-quattro mesi. Ad oggi, i giovani esemplari catturati, vengono rinchiusi per un allevamento controllato, fino alla maturità, cosa che comunque produce un notevole consumo di pesci più piccoli trasformati in mangimi. La pratica è per noi insostenibile: per un chilo di tonno rosso prodotto, si consumano oltre quindici chili di piccoli pesci catturati in natura! Tra il grande dilemma se mangiarlo da pescato (con conseguente impatto sull'ecosistema marino e l'estinzione) o da allevato (che comunque non è mai allevato all'origine, ma catturato in giovane età e fatto crescere in cattività con le conseguenze che abbiamo illustrato), per ora, la scelta migliore è purtroppo astenersi dal consumo. Se la domanda scende, forse anche il mercato si ridimensiona.

Merluzzo, dentice e cernia. Si tratta di tre specie che non sono naturalmente in grado di reggere i ritmi di pesca attuali, perché a crescita lenta.

Verdesca. Così come altre specie appartenenti alla grande famiglia degli squali, come il palombo e lo smeriglio, è un predatore con ritmi riproduttivi molto lenti, quindi pescarlo vuol dire mettere a rischio non solo le specie di riferimento, ma tutto l'ecosistema marino.

Crostacei come l'astice, l'aragosta o il gambero tropicale sono a rischio estinzione a causa delle reti a strascico che creano gravi danni al fondale marino, nei primi due casi, o allevamenti intensivi nell'ultimo.

E il pesce d'allevamento?

La qualità del pesce di acquacoltura, erroneamente considerato una seconda scelta dettata da motivi di risparmio, è molto migliorata negli ultimi anni e può assicurare pesce di ottima qualità nutrizionale, ricco di gusto, a prezzo accessibile e, se allevato in modo sostenibile, può rappresentare un modo per tenere basse le quantità di pesce pescato proteggendo i pesci selvatici.

Cosa ci rimane quindi da acquistare?

Tantissimi pesci, basta conoscerli. Una scelta che deve essere considerata è il "pesce povero", ricco di omega-3, molto presente nei nostri mari ma poco richiesto dal mercato: grazie alla sua disponibilità i prezzi sono quasi stracciati, ecco perché viene definito così. Tra questi troviamo il **pesce azzurro**: sarda, sardina, alice, sgombro, palamita, tonnetto alletterato e striato, lampuga (o capone), alaccia, aguglia, tombarello e sugarello (o suro). Tra i pesci poveri troviamo anche pesci come: l'occhiata, il pagello e il sarago.

Sono da tenere in considerazione anche i più comuni spigola (o branzino), orata e cefalo, ma questi ultimi da preferire da allevati poiché rappresentano un esempio di acquacoltura sostenibile.

L'**aguglia** ha una crescita molto veloce e la capacità di raddoppiare il numero di esemplari in pochi anni, non è soggetto alla pesca intensiva e sopporta bene quindi i ritmi commerciali. Non ha una taglia minima e si trova soprattutto nei mesi fra l'estate e l'autunno, ed è ricca di elementi nutritivi importanti.

Le **sarde** sono pesci che si riproducono tutto l'anno, in maniera veloce. Ricche di omega-3 e antiossidanti, è importante sceglierle da pesca certificata sostenibile (MSC) poiché negli ultimi anni, a causa delle reti a strascico, anche gli stock di sardine si stanno gradualmente riducendo. Attenzione a non confonderle con le alici, cosa che fanno in molti. Per quanto riguarda le ricette, le sardine, considerate pesci "semi grassi", si sposano con tantissime preparazioni diverse: dai primi piatti tipici della cucina siciliana, alle preparazioni al forno ricche e golose, passando per gli antipasti sott'olio o conserve salate di vario tipo.

I **pagelli** stanziali nelle acque italiane e spesso confusi col dentice, sono: il pagello fragolino, il pagello bastardo e l'occhione (conosciuto anche come pezzogna, besugo, mupo o rovello) e vengono spesso pescati con metodi di pesca sostenibile.

L'**occhione** (**pezzogna**) è considerato il più pregiato e ha un ciclo riproduttivo più lungo rispetto agli altri due pagelli, si consuma soprattutto in autunno, va evitata la pesca nel suo periodo riproduttivo cioè in primavera-estate.

Il **pagello bastardo** ha carni considerate meno pregiate rispetto alla pezzogna, ma con un buon profilo nutritivo. Si mangia quasi tutto l'anno e la sua riproduzione è molto veloce; perciò, sopporta bene le pratiche di pesca commerciale. Stesse caratteristiche ha il pagello fragolino: ciclo di vita breve e veloce, carni sode e compatte, discretamente pregiate. Anche quest'ultimo da scegliere sempre da pesca sostenibile.

Lo **sgombro** è molto conosciuto e diffuso. Piccolo pesce azzurro molto ricco di omega-3, ha una riproduzione veloce: questo fa sì che lo sgombro si possa mangiare quasi tutto l'anno. In realtà, negli ultimi anni, la riduzione di alcune popolazioni ha portato alla sua inclusione nella Lista rossa delle specie vulnerabili (lista curata dalla IUCN). Quindi è sempre bene fare attenzione a sceglierlo da pesca sostenibile e filiera controllata. Chiamato anche lacerto, maccarello o scombro, lo sgombro è un pesce che vive in profondità, dalle carni saporite e dal costo decisamente accessibile, come le sarde. Potete cucinarlo in molti modi diversi: in un gustoso risotto, in abbinamento con i carciofi, oppure semplicemente al forno.

La **palamita** ha un ciclo di vita breve e quindi sopporta bene la pesca commerciale. Inoltre, ha carni dal profilo interessante, sode, compatte e ricche di nutrienti.

La **lampuga**, conosciuta anche come pesce capone, è celebre nel mondo come dorado o mahi-mahi. Malgrado si riproduca solo in estate, la lampuga cresce velocemente e non sembra particolarmente disturbata dalle pratiche di pesca, purché non eccessivamente invasive: ha carni dal sapore deciso e ricche di elementi nutritivi, inoltre ha un costo relativamente contenuto.

Sulle nostre tavole non sono molto conosciuti il **tonnetto alletterato** e il **tonnetto striato**. Il primo ha un sapore molto simile a quello del tonno rosso: in pochi anni la sua specie è in grado di raddoppiare letteralmente il proprio numero e questo fa sì che l'alletterato sopporti bene sia la pesca commerciale sia sportiva. Il tonnetto striato si usa invece moltissimo nella cucina giapponese, dove viene chiamato katsuo; oltre a essere consumato crudo nel sushi, viene anche affumicato, essiccato e tagliato in finissime scagliette per molti piatti tipici.

Per quanto riguarda il **branzino**, o **spigola**, in passato gli stock ittici sono stati sfruttati in maniera molto intensa, mettendo a serio rischio la specie, ma oggi gli allevamenti hanno dato un po' di respiro all'ecosistema: naturalmente parliamo di allevamenti in mare con tecniche non intensive. Oggi la specie non è considerata a rischio, ma è importante assicurarsi di comprare spigole da allevamento sostenibile in mare o da pesca non intensiva e certificata: in passato, infatti, a causa dei metodi aggressivi, anche i delfini hanno dovuto sopportare le conseguenze negative della pesca del branzino.

Una valida alternativa al branzino è rappresentata dal **cefalo** (o muggine), grazie al suo sapore simile ma con un costo decisamente inferiore.

Il WWF ha pubblicato una guida molto ben fatta e completa sul pesce sostenibile (pescesostenibile.wwf.it) e viene citato il **pesce sigano (pesce coniglio)**, specie aliena che dal canale di Suez ha invaso il Mediterraneo orientale in cui ha soppiantato varie specie locali. Molto abbondante nel Mediterraneo, ma non altrettanto nei ristoranti, viene oggi mangiato prevalentemente dai pescatori. Ha pinne dorsali con spine velenose, perciò va maneggiato con estrema attenzione. Se venisse trasformato in filetti e venduto sarebbe una vera svolta per il consumo sostenibile di pesce.

Tra i molluschi, secondo ConsuMareGiusto, dovremmo preferire **calamari**, **seppie** e **totani** poiché si riproducono velocemente e perché i sistemi di pesca non danneggiano né i fondali né gli esseri viventi. Allo stesso tempo non sappiamo quanti ce ne sono e non esistono politiche di gestione degli stock: per prudenza sono stati inseriti nella lista delle buone alternative sostenibili.

Le **cozze** e gli altri molluschi filtratori svolgono un'importante funzione di arricchimento dell'ecosistema marino e, se sono d'allevamento, rappresentano un sistema efficiente di produzione di proteine animali. Secondo i ricercatori del CREA, gli allevamenti di cozze possono contribuire a mitigare gli impatti ambientali attraverso il sequestro di CO2 all'interno della conchiglia.

Tra i pesci di acqua dolce, i più sostenibili sono la **carpa** e il **pesce siluro**.

Con buona volontà e fantasia possiamo senza dubbio trovare il modo di inserire nelle nostre ricette i pesci "preferiti" e quelli che risultano più "sostenibili", certi che il gusto possa comunque essere soddisfatto, così come la nostra sensibilità ambientale.

Per esempio, il tonnetto alletterato (più diffuso) o lo striato sono simili al tonno rosso, e lo possiamo sostituire senza rinunciare ai nostri piatti preferiti.

I PESCI "PIÙ FACILI" DA METTERE IN TAVOLA

TONNO BIANCO: molti tonni sono ricchi di mercurio, ma il tonno Albacore (il tonno bianco che viene comunemente inscatolato) è il migliore perché appartiene a una specie ittica più piccola, dove i livelli di mercurio rimangono piuttosto bassi. Inoltre, quelli catturati nelle acque settentrionali più fredde sono molto ricchi di omega-3.

SARDINA: di piccole dimensioni, è ricchissima di omega-3 e uno dei pochi alimenti naturalmente ricchi di vitamina D.

SALMONE SELVATICO (Alaska): la pesca al salmone è molto ben gestita in Alaska. I biologi si recano alle foci dei fiumi per contare i pesci che tornano a deporre le uova, in modo tale da fermare la pesca qualora i numeri diminuissero. Questo rende non solo la pesca più sostenibile, ma anche gli animali più sani e ricchi di nutrienti (soprattutto omega-3).

Qualche dato dal mercato ittico di Milano

Innanzitutto, scopriamo che il mercato del pesce si divide quasi equamente tra quello pescato e quello allevato, sia in Italia che all'estero. E questo ci fa capire come i consumi siano oramai generalizzati e uniformati ovunque.

In seconda battuta introduciamo un concetto significativo legato al pesce, già affrontato in termini generali: quello dello spreco.

Secondo i dati del mercato ittico di Milano il pesce invenduto viene gettato come rifiuto o, nella migliore delle ipotesi, trasformato in cibo per animali. Conoscere le specie presenti sui banchi del mercato serve anche a poter acquistare quelle specie che spesso rimangono invendute, nonostante il vantaggio economico legato a un prezzo più vantaggioso.

Per minimizzare questo problema e favorire al contempo una diffusione maggiore di specie poco note, un'idea potrebbe essere quella di aumentare l'offerta di prodotti già sfilettati e porzionati, dal momento che c'è un progressivo aumento di questa richiesta, sia da parte dei consumatori che dei ristoratori, come anche nella grande distribuzione.

Il mercato ittico di Milano fa emergere anche un altro problema legato alla vendita del pesce: il polistirolo usato come contenitore termico, che al momento non rientra in un'economia circolare, e i quantitativi sono esorbitanti!

Ad oggi esiste un progetto per il riciclo del polistirolo, anche se solo parzialmente attuato. Ma è un elemento che andrà presto preso in considerazione, di pari passo con la scelta del pesce, del tipo di pesca attuata, e della stagionalità.

Siamo soprattutto noi consumatori a fare la differenza, con le nostre scelte. Conoscere per poter scegliere è fondamentale per l'equilibrio delle diverse specie e la salvezza del nostro pianeta.

Pescare sostenibilmente e porre fine alla pesca eccessiva potrebbe far aumentare la produzione annuale globale di pesce di sedici milioni di tonnellate, sufficienti a soddisfare il fabbisogno proteico di settantadue milioni di persone in più all'anno.

Il WWF ha creato una guida al consumo sostenibile dei pesci, suddividendoli con i colori rosso, giallo e verde del semaforo, a seconda anche della provenienza e della modalità di pesca. Per chi volesse approfondire riportiamo il link: https://www.wwf.ch/it/guida-pesci.

Quanto finora esposto riguardava il pesce fresco e congelato. Non dimentichiamo che anche il tipo di conservazione può influire sulla sostenibilità di un prodotto così altamente deperibile. Probabilmente per il futuro ci si dovrà orientare sempre di più verso scelte di pesce conservato (essiccato o sotto sale), o sterilizzato in contenitore metallico riciclabile come l'alluminio, o meglio ancora, nel vetro.

RICAPITOLANDO: COSA POSSIAMO FARE NOI CONSUMATORI?
Scegliere prodotti pescati con metodi artigianali a "miglio zero", provenienti localmente, e non acquistare pesce minacciato.
Diversificare la dieta, scegliendo non solo le specie più pregiate e note.
Acquistare solo pesci adulti che si sono già riprodotti, rispettandone la stagionalità.
Controllare l'origine del pesce che stiamo acquistando, la sua provenienza, se è stato pescato, allevato, se si tratta di pesce fresco o scongelato.
Acquistare solo pesce con etichetta chiara e completa.
Prediligere pesci di piccola taglia come sardine, merluzzo, sgombro, triglie.
Preferire prodotti certificati MSC, ASC o biologico per garantire una scelta secondo criteri di sostenibilità.

Spendere per la salute

Abbiamo idea di quanto deve spendere in Italia la sanità pubblica per le malattie causate dagli eccessi alimentari?

22,8 miliardi all'anno per la sola obesità! Queste cifre non sono sostenibili nel lungo periodo. Se poi pensiamo che in Italia abbiamo il primato europeo dell'obesità infantile e che le malattie che ne conseguono appariranno sempre più precocemente, dobbiamo correre ai ripari seriamente e tempestivamente.

Un'alimentazione sana, che riduce il rischio di ammalarsi, oltre a ridurre la spesa sanitaria, è poco dispendiosa anche per chi la pratica. È importante che il consumatore sia consapevole che una dieta in linea con le raccomandazioni nutrizionali degli esperti non è necessariamente costosa. I primi alimenti da ridurre drasticamente poiché ad alta densità energetica e più dannosi per la salute sono: patatine fritte, wurstel, snack dolci e salati, cioccolato, bevande zuccherate. La disponibilità sul mercato di tali alimenti è molto elevata e le scelte del consumatore, soprattutto di quello con minori mezzi culturali ed economici, spesso sono orientate proprio su questo tipo di prodotti. Invece alimenti come frutta e verdura, pesce, olio d'oliva vengono percepiti o troppo costosi o troppo difficili da preparare, oltre che poco interessanti per il gusto.

Organizzare le ricette con materie prime meno costose ma ugualmente gustose è possibile: i piccoli pesci del Mediterraneo (come abbiamo ampiamente illustrato) possono essere acquistati nelle pescherie a prezzi abbastanza contenuti. Il pesce surgelato costa meno ed è ottimo dal punto di vista nutrizionale. Ovviamente ciò non si applica ai prodotti pronti da cuocere, ai prodotti con tanta panatura (tipo bastoncini o crocchette), che sono molto appetibili, soprattutto per i bambini, ma di minore qualità nutrizionale.

Inserire spesso i legumi nell'alimentazione settimanale, in sostituzione di qualche porzione di carne, è un comportamento a basso costo e decisamente salutare. Un'altra fonte proteica di eccellente qualità e a basso costo sono le uova, spesso demonizzate a causa della loro ingiustificata fama di alimento "cattivo".

Attenersi alle porzioni e alle quantità raccomandate è già un modo per evitare di eccedere nei consumi e quindi, se da un lato si protegge la salute, dall'altro non si spende più del necessario.

Gli ortaggi e la frutta di stagione e di origine italiana sono in assoluto i più economici: oltre alla sostenibilità ambientale avranno quella economica e saranno i più salutari poiché più ricchi dal punto di vista nutritivo.

Per quanto riguarda alcuni prodotti a lunga conservazione, per i quali il consumo quotidiano è costante, come pasta e pelati, appena si presenta l'occasione di un'offerta, è opportuno approfittarne per risparmiare. Viceversa, come abbiamo già visto, accumulare prodotti freschi, come frutta, verdura, latticini, carne e pesce, solo perché in offerta, significa doversi abbuffare per non sprecarli o buttarli via. I prodotti a lunga conservazione ma di uso saltuario, come biscotti e snack, gelati, salumi, se sono in casa perché li abbiamo accumulati durante un'offerta, finiranno con l'essere consumati in eccesso e, alla lunga, saranno dannosi alla salute.

E le cure costano.

Al supermercato le merci vengono esposte secondo precisi criteri: le più care sono a portata di mano, molto comode da prendere; le più economiche (e non necessariamente di bassa qualità) sono scomode da raggiungere poiché molto in basso o molto in alto. E ancora: i prodotti col marchio del supermercato che li distribuisce hanno alte garanzie di qualità e prezzi molto contenuti.

La sostenibilità economica in cucina

Le modalità di cottura possono influenzare l'impatto ambientale. Quelle a più basso impatto sono l'uso del forno a microonde e l'uso della pentola a pressione, semplicemente perché sono le più efficienti e hanno pochissima dispersione energetica. Al contrario, il metodo di cottura col maggior impatto ambientale è l'uso del forno elettrico tradizionale.

Se però cuciniamo ai fornelli con pentole comuni, ricordiamoci di usare un coperchio ben aderente: si evita la dispersione termica e si riduce il consumo di energia perché si accorciano i tempi di cottura. È anche possibile spegnere del tutto il fuoco e, sempre col coperchio, aspettare che la cottura sia completa.

Le fritture, oltre a essere poco salutari, comportano un notevole spreco d'olio che poi va portato nei punti di raccolta per essere smaltito correttamente. Ricordiamoci che l'olio versato nei tubi di scarico, anche se in piccole quantità, andrà a inquinare i nostri fiumi e i nostri laghi.

Riuscire a cucinare è estremamente più economico che comprare piatti pronti. Ovviamente bisogna averne il tempo (e la voglia).

Ad esempio, imparare a gestire il consumo dei legumi secchi è decisamente economico. Mettendo a confronto i fagioli secchi con quelli in scatola, ci accorgiamo che i primi, dopo l'ammollo e la cottura in acqua, aumentano di peso di quasi tre volte.

Se consideriamo che la stessa quantità di fagioli secchi ha lo stesso prezzo di quelli in scatola (già cotti), possiamo comprendere quanto possa essere economico usare quelli secchi.

Solo chi ha tempo e voglia può cimentarsi e scoprirne i vantaggi: in tal caso bisogna pianificare il loro consumo poiché vanno messi a bagno tutta la notte e possibilmente con un cucchiaino di bicarbonato – per accelerare il processo – e poi cucinati. Fanno eccezione le lenticchie e le fave decorticate e spezzate poiché il loro spessore è ridotto: è sufficiente un breve ammollo o possono andare direttamente in pentola.

Ricordiamoci che latte, yogurt, ricotta e uova sono prodotti di origine animale con proteine ad alto valore biologico e oltre ad avere, come abbiamo visto, un impatto ambientale inferiore a quello della carne rossa, hanno anche un basso impatto economico. Tra le carni più economiche e con impatto ambientale relativamente basso ci sono il pollo e il maiale.

Che cos'altro possiamo fare in cucina per la nostra transizione dietetica? Possiamo valorizzare gli scarti e riutilizzare gli avanzi. L'acqua di cottura dei ceci è un ingrediente base per una maionese vegetale. Il fondo del caffè (scarto alimentare) può essere usato come concime: è un ottimo fertilizzante per le piante, oppure utilizzato come ingrediente della torta Barozzi.

E a proposito di caffè, anche l'industria adesso recupera la pellicola che riveste il chicco (*silver skin*) e la utilizza come fertilizzante naturale per i campi. Possiamo preparare piatti con eventuali avanzi; dall'indagine del 2018 del CREA, come abbiamo visto, i primi tre alimenti maggiormente sprecati sono: la frutta fresca, il pane e le verdure; seguono le bevande analcoliche, tra cui il latte e lo yogurt. Qualche idea di piatto? Polpette vegetali, zuppa di cavolo o di cipolla, torta di pane.

La cultura del recupero è sempre esistita. Fin dall'antichità, gli Egizi recuperavano il pane secco usandolo al posto del malto nella produzione della birra, panifici e birrerie infatti erano sempre affiancati.

RICAPITOLANDO:
TREDICI MOSSE PER LE SCELTE SOSTENIBILI

1. Escludere completamente la carne dalla dieta non è necessario perché la dieta sia sostenibile: ridurne il consumo allo stretto necessario è assolutamente auspicabile per l'ambiente e per la salute.
2. I prodotti locali e a chilometro zero sono sostenibili solo a patto che vengano coltivati in campo (e non in serre scaldate e illuminate artificialmente) e a patto che vengano consumati subito dopo la raccolta e non dopo lunghe soste nelle celle frigorifere.
3. Se frutta e verdura sono di stagione, in genere hanno prezzi bassi. Se ne raccomanda un consumo complessivo di quasi un chilo al giorno.
4. I prodotti con la scritta "Da consumarsi preferibilmente entro..." si possono mangiare oltre quella data.
5. Il pesce azzurro (sarde, alici, sgombri) costa pochissimo, è abbondante nei mari, ed è salutare; il pesce allevato in modo sostenibile è ugualmente salutare ed economico e le riserve marine selvatiche vengono preservate.
6. Trecento grammi di carne alla settimana sono sufficienti per coprire i fabbisogni di zinco e vitamina B12, nutrienti che, nella forma facile da assorbire, sono esclusivi della carne.

7. I prodotti lattiero-caseari, ricchi di proteine e di calcio, compensano bene un basso consumo di carne e hanno un minor impatto ambientale.
8. L'abbinamento di cereali e legumi secchi (in pari quantità) rappresenta un piatto unico e garantisce una copertura di proteine simile a quella della carne, ma con costi decisamente più bassi per il portafoglio e per l'ambiente.
9. Anche per produrre i rifiuti occorrono materiali ed energia: i rifiuti hanno il loro impatto sull'ambiente, se sono ridotti al minimo l'impatto sarà minimo.
10. Le scorte eccessive di cibo, difficili da smaltire, vanno semplicemente evitate.
11. In frigorifero vanno tenuti in evidenza i cibi da consumare subito, dietro a questi tutti gli altri.
12. Se capita di cucinare troppo, conservate correttamente in frigorifero gli avanzi, regalatene una parte se potete, congelate il resto e abituate i figli a consumare gli avanzi insieme a voi.
13. L'acqua del rubinetto è buona dal punto di vista nutrizionale e preferirla all'acqua minerale è utile per l'ambiente.

L'agricoltura del futuro e le nuove tecnologie

Sappiamo che la cosiddetta "rivoluzione verde" ha portato, negli ultimi decenni, tanto più cibo per tutti, a prezzi accessibili, in quanto l'uso di pesticidi, fertilizzanti e macchine agricole di ultima generazione, nonché la genetica, hanno rivoluzionato l'agricoltura aumentandone enormemente la resa.

Questa rivoluzione *irreversibile* ha portato tanti vantaggi, ma il rovescio della medaglia è l'eccesso di consumo di acqua e l'impoverimento o l'eutrofizzazione del suolo, inquinamento ambientale con cui oggi dobbiamo fare i conti e rispetto a cui dobbiamo prendere provvedimenti diversi per il futuro.

L'agricoltura del futuro potrebbe essere rappresentata dall'impiego di piante perenni che si stanno studiando per la loro capacità di resistenza e perché essendo perenni non hanno la controindicazione dell'aratura, che erode ogni volta un po' il terreno.

Inoltre, gli studiosi si stanno occupando di utilizzare alcuni microrganismi in simbiosi con le piante, un microbiota con cui vengono "tappezzate" parti di pianta (soprattutto radice e foglie) che conferisca una maggior capacità di difesa dai parassiti e dai cambiamenti climatici.

Addirittura, il microbiota potrebbe diventare anche un fertilizzante per la pianta, rilasciando esso stesso il nutrimento minerale invece di aggiungere fertilizzanti, e strumento di difesa, invece di aggiungere pesticidi come avviene oggi. Un po' come nel nostro corpo il microbiota come difesa immunitaria!

Anche la ricerca di nuove varietà potrebbe essere un sistema per aumentare la biodiversità, tramite il *genoma editing*, che non utilizza tecniche transgeniche degli OGM, ma piccole correzioni del genoma finalizzate alla selezione di varietà più resistenti ed efficienti, senza uso di pesticidi e di fertilizzanti.

Vi sembra poco?

Al momento la nuova agricoltura ottimizza l'uso dei terreni, basandosi sul concetto della precisione. Si usano meno pesticidi e diserbanti, si usa meno acqua, solo dove serve e quando serve, anche goccia a goccia e non a tappeto, grazie alle osservazioni fatte dai droni o dai satelliti, che indicano le zone in cui intervenire con acqua e fertilizzanti. Mentre la desalinizzazione dell'acqua è un processo altamente costoso e utilizzabile solo laddove vi è una reale mancanza di acqua – come nei paesi aridi –, buoni risultati sono ottenuti grazie al recupero delle acque reflue depurate, derivanti dalle attività domestiche e industriali. È di recente introduzione, infatti, la legislazione che regolamenta l'uso sicuro delle acque reflue destinate all'agricoltura, riducendo le emissioni di anidride carbonica e i prelievi idrici da altre fonti.

La scienza nell'agricoltura ci porterà cibo che nutre, per tutti?

Tecnologia e ambiente non sono incompatibili, se sono gestiti bene. Il problema è che nelle nostre società ne manca spesso un uso controllato e ragionevole. Tendiamo ad attribuire alla tecnologia colpe che appartengono piuttosto ai nostri comportamenti. Per mancanza di controlli e di severe punizioni si aprono varchi tra coloro che vogliono fare il proprio comodo e coloro che vengono avvelenati. Interessi economici e politici, e spesso ignoranza sia da parte di chi inquina che di chi è avvelenato, provocano le situazioni che conosciamo.

Ma c'è di più.

Se è vero che la tecnologia può generare veleni, è altrettanto vero che può creare antidoti. A condizioni che si investa anche su queste altre ricerche. Senza però cadere nell'ingenuità di pensare che tutto si possa risolvere. Ogni scelta presenta vantaggi e svantaggi.

Il problema ecologico non sorge dalla tecnologia in sé, ma dai comportamenti scorretti e ignoranti delle persone.

I Novel Food

I Novel Food sono gli alimenti che non hanno ancora una storia di consumo e che per essere introdotti in Unione Europea devono sottostare a una autorizzazione per valutarne la sicurezza. Solo gli alimenti autorizzati potranno essere commercializzati liberamente.

L'accertamento della loro sicurezza viene eseguito dall'EFSA, l'Autorità europea per la sicurezza alimentare, basandosi anche sulle analogie fra l'esistente e la nuova proposta. Il regolamento si applica anche agli alimenti privi di consumo in UE ma già in commercio al di fuori dell'UE, come i tanto discussi insetti, di cui a breve parleremo.

Abbiamo già detto che si prevede che la popolazione mondiale raggiungerà quasi i dieci miliardi entro il 2050 e di conseguenza aumenterà anche la domanda di proteine ad alto valore biologico. Per questo motivo, l'industria alimentare ha iniziato a concentrarsi su fonti proteiche più sostenibili, concentrando l'attenzione soprattutto sulle farine di insetti e sulla carne coltivata.

L'opinione pubblica, come spesso accade, ha reagito in modalità diverse: da chi ne è totalmente spaventato perché teme che a lungo andare grilli, blatte, larve e cavallette diventeranno il nostro alimento principale, ai politici e alle associazioni agroalimentari che considerano i Novel Food una nuova moda che può minare le nostre tradizioni e le nostre specialità conosciute e apprezzate in tutto il mondo. È anche vero, però, che storicamente arrivano sempre nuovi tipi di alimenti che poi diventano di uso comune. Il concetto di "nuovi alimenti" non è nuovo. Nel corso della storia, nuovi tipi di alimenti, ingredienti o metodi di produzione alimentare sono arrivati in Europa da ogni parte del mondo. Banane, pomodori, frutta tropicale, mais, riso, una vasta gamma di spezie: tutti sono arrivati in Europa come "Novel Food".

Le inclusioni etniche, la ricerca di nuove fonti di nutrienti, la stessa globalizzazione sono i fattori chiave che li hanno introdotti e ne hanno reso il consumo stabile e continuo. Tra gli ultimi arrivati ci sono i semi di chia, gli alimenti a base di alghe, il frutto del baobab e il physalis (l'uva da tavola peruviana o alchechengio), l'olio ricco di acidi grassi omega-3 del krill (crostaceo invertebrato), gli steroli vegetali.

CONOSCIAMO IL FRUTTO DEL BAOBAB?

È un agrume africano che offre numerosi benefici per la salute grazie al suo contenuto di vitamine e minerali. In Africa oltre a essere consumato come cibo, viene impiegato in medicina per alleviare la febbre, la malaria e i problemi gastrointestinali; rafforza il sistema immunitario, protegge il cuore e le arterie e mantiene sana la pelle. È ricco di sostanze nutritive essenziali, tra cui calcio, ferro, magnesio, potassio, vitamina C e altri

antiossidanti. L'insieme di queste sostanze è presente nel frutto del baobab in una concentrazione maggiore rispetto a qualsiasi altro frutto: sei volte più vitamina C delle arance, quattro volte più potassio delle banane, due volte più calcio del latte.
Polvere, semi e polpa dei frutti dell'albero di baobab vengono macinati insieme e usati come integratore alimentare.
Grazie alla progressiva conoscenza e diffusione di questo superalimento, i prodotti e gli integratori derivati dal frutto sono ormai venduti in tutto il mondo nelle sue varie forme come la polvere del frutto, il frutto essiccato e i semi.

Cerchiamo di fare un po' di chiarezza e di analizzare il fenomeno da vari punti di vista.

Gli insetti, dal punto di vista nutrizionale

Secondo la FAO, più di due miliardi di persone al mondo fanno già uso di insetti per fini alimentari e le specie commestibili sono oltre 1900.

L'Unione Europea, invece, solo nel mese di gennaio 2023 ha autorizzato l'immissione sul mercato delle larve di Alphitobius diaperinus (verme della farina minore, in pasta, essiccate o congelate), ma è un ulteriore passo di avvicinamento dell'UE verso gli "insetti commestibili", dopo le tarme della farina (*larve gialle essiccate del tenebrione mugnaio*), la locusta migratoria e la polvere parzialmente sgrassata di grillo domestico.

Nonostante l'Unione Europea abbia introdotto gli insetti come nuovi alimenti, e nonostante essi siano un alimento tradizionale in molti Paesi (sono oltre cento quelli che li consumano regolarmente), nel mondo occidentale il consumo di insetti, da interi, è considerato disgustoso e non accettabile.

L'industria alimentare, sempre in cerca di novità e di opportunità, si sta dando da fare per studiare nuove modalità per l'utilizzo di questi Novel Food. Non potendo esprimersi come in altri Paesi con gli insetti interi (ad esempio grilli arrostiti conditi con gocce di cioccolato alla cannella oppure snack di grilli arrostiti aromatizzati), studia l'inclusione degli insetti come ingrediente in altri alimenti.

Il marketing intorno all'alimentazione a base di insetti è molto forte, sia per ragioni di business, sia per un discorso ambientale. Gli allevamenti di insetti commestibili, infatti, emettono una quantità di gas serra notevolmente inferiore a quella di altre fonti di proteine animali, richiedono meno acqua e molto meno terreno. Esistono allevamenti che si sviluppano in altezza (vertical farm), soprattutto in Francia, con una capacità produttiva intensissima, destinata ad aumentare, anche se al momento gli insetti vengono allevati, uccisi e triturati prevalentemente per l'alimentazione animale.

Per quanto riguarda il consumo umano di insetti, la scelta principale è ricaduta sulla farina, essendo questa la base per molti alimenti tipici in tutto il mondo, primo fra tutti il pane, che potrebbe diventare altamente proteico e concorrere a ridurre il problema della malnutrizione in molti Paesi. La farina di grillo potrebbe essere una fonte economica e preziosa di proteine, acidi grassi insaturi e fibre alimentari, oltre a vitamine e minerali come ferro e calcio. Alcune aziende, soprattutto negli Stati Uniti ma anche in Europa, hanno iniziato a produrre alimenti di largo consumo contenenti farina parzialmente sgrassata di *grillo domestico*.

Attualmente la possono contenere moltissimi prodotti: pane e panini multicereali, cracker e grissini, barrette ai cereali, miscele secche (farine pronte) per prodotti da forno, biscotti, prodotti pronti secchi a base di pasta semplice o farcita, salse, prodotti trasformati a base di patate, piatti a base di legumi e di verdure, pizza, prodotti sostitutivi della carne, minestre concentrate o in polvere, snack a base di farina di granturco, bevande tipo birra, prodotti a base di cioccolato, granella di semi oleosi, snack, preparati a base di carne. Sono tutti prodotti processati e in gran parte sono cibi pronti.

Sebbene l'aggiunta di farina di grillo in alcuni alimenti abbia dato esiti positivi, come un buon sapore di nocciola nei muffin e un miglioramento del pane a lievitazione naturale senza glutine, in altri ha portato a cambiamenti negativi, come un odore diverso, difficile da fare accettare.

Da alcuni studi, in cui si è osservato l'effetto dell'aggiunta di farina d'insetto ai concentrati proteici, è emerso che i prodotti ottenuti hanno un'alta digeribilità e un alto valore biologico, oltre a un potere antiossidante e antinfiammatorio, probabilmente dovuto alla presenza di composti fenolici, presenti negli insetti grazie alla loro dieta erbivora.

Ma proprio per questa deduzione, ne risulta che il potere antiossidante e antinfiammatorio non è una caratteristica dei grilli in sé, ma della loro dieta. Quindi non si potrebbe spingere maggiormente il consumo di alimenti vegetali e ottenere gli stessi benefici?

Oltretutto, anche se il ferro degli insetti viene paragonato a quello contenuto nella carne, non si sa fino a che punto questo venga assorbito dagli esseri umani, soprattutto per la presenza di chitina e di altri inibitori presenti nella biomassa di grillo.

Come la mettiamo poi con le allergie?

Non ne sappiamo ancora molto, ma il rischio c'è.

Per chi soffre di allergia ad alcuni cibi, in larga misura ai crostacei e in misura minore ai molluschi, o agli acari della polvere, il rischio potrebbe essere molto alto. Infatti, questi alimenti condividono con i grilli alcune proteine altamente allergizzanti: l'ingestione degli insetti potrebbe indurre, quindi, una reattività crociata, decuplicando le normali manifestazioni allergiche associate ai crostacei, quali edemi, rash, crisi respiratorie, fino allo shock anafilattico.

Considerando la percentuale di persone con allergie a gamberetti, crostacei e acari, si stima che in Italia siano a rischio allergia per il consumo di farina di grillo circa 800.000-un milione di persone, pari all'1-2 per cento della popolazione.

Oltre ai rischi associati alle allergie, aver chiamato *farina* un prodotto polverizzato derivato dagli insetti è fuorviante per il consumatore, che di fronte a una reazione avversa potrebbe pensare più a una possibile reazione al glutine rispetto a quella da crostaceo. Sarebbe meglio chiamarla *polvere*.

Per proteggere i consumatori, l'UE ha già previsto precisi requisiti di etichettatura in cui occorrerà specificare la presenza di allergeni per tutelare i soggetti già allergici a crostacei, molluschi e acari, e che il consumo prolungato e assiduo potrebbe condurre a una sensibilizzazione anche in chi non è allergico.

In base alle normative attuali, possiamo comunque dire che ad oggi non c'è il rischio che la farina di grillo sia un "ingrediente nascosto" negli alimenti in commercio.

Per il futuro, la descrizione di questo nuovo alimento in etichetta sarà "polvere parzialmente sgrassata di Acheta domesticus (grillo domestico)" – fonte da Gazzetta Ufficiale – con le relative avvertenze allergeniche.

L'EFSA l'ha riconosciuta come cibo sicuro, nei limiti degli allergeni di cui abbiamo già parlato: sarà una scelta personalissima del consumatore decidere di consumarla o meno.

Gli insetti, dal punto di vista della sostenibilità

Esistono culture in cui gli insetti fanno parte dell'alimentazione dell'uomo perché questi animali fanno parte della vita agricola di quei territori e di quelle comunità. La spinta al consumo in Occidente invece prevede di spostare la produzione su scala industriale lontano dagli ecosistemi, in ambienti artificiali e in allevamenti intensivi. Siamo sicuri che così facendo stiamo prendendo la strada giusta?

Attualmente in Europa, per la nostra sicurezza, la farina di grillo è ottenuta soltanto da animali allevati e lavorati in un'industria certificata, che utilizza solo alimenti di origine vegetale e senza uso di antibiotici, pesticidi o ormoni.

Ma chi ci garantisce che in futuro non si aprano i mercati e possano arrivare in Europa anche farine contaminate? Contaminate perché gli insetti vengono alimentati con farina di pesce, ebbene sì, nel mondo c'è anche questo paradosso. O che i grilli non abbiano contratto infezioni da virus e batteri?

E ancora. Nel caso infausto di fuga degli insetti da questi allevamenti intensivi, come potremmo contenere il loro volo? Come potremmo evitare le conseguenze sugli ecosistemi locali?

È vero che l'EFSA controlla e protegge, ma non sarebbe meglio forse tornare alla stagionalità di ciò che mangiamo, ridurre il consumo di carne e aumentare quello di legumi, che fanno parte della nostra cultura alimentare?

Il prossimo candidato Novel Food: la carne coltivata

La dicitura giusta per questa carne è "coltivata" e non "sintetica" poiché è generata da cellule staminali animali che vengono *coltivate* in vitro, mentre per "sintetico" si intende tutto ciò che non proviene da cellule animali o vegetali.

La tecnica consiste nel prelevare alcune cellule muscolari e nutrirle con proteine che aiutano la crescita del tessuto. Una volta che il processo è partito, teoricamente è possibile continuare a produrre carne all'infinito, senza aggiungere nuove cellule dall'animale vivo.

Nel 2012, la FAO ha previsto che la domanda mondiale di carne raggiungerà 455 milioni di tonnellate entro il 2050 (con un incremento del 76 per cento rispetto al 2005). Allo stesso modo, si prevede che la domanda globale di pesce raggiungerà 140 milioni di tonnellate entro il 2050. La maggior parte di questa tendenza è attribuita ai Paesi a medio reddito (ad esempio la Cina), poiché il consumo nei Paesi a più alto reddito è relativamente stagnante se non in leggero calo (ad esempio nel Regno Unito, ma recentemente anche in Italia) e nei Paesi a basso reddito il consumo è costante (ad esempio in India).

La carne coltivata, in alternativa alla carne naturale, può essere una risposta al forte aumento della domanda. Si eviterebbe inoltre lo sfruttamento degli animali e si otterrebbero benefici per l'ambiente, ma non tutti sono d'accordo sulla sua utilità a causa della probabile perdita di valore dei prodotti zootecnici e agroalimentari della tradizione italiana.

Gli interessi economici in ballo sono altissimi: sia da parte di chi vuole entrare nel business della carne coltivata, sia da parte di chi ha sempre allevato animali da macello.

Altri aspetti controversi della produzione di carne coltivata riguardano principalmente il punto di vista etico. Una prima riflessione riguarda il benessere animale: ad oggi viene utilizzato il siero fetale bovino, sottoprodotto dell'industria della carne, come ingrediente fondamentale del terreno di coltura per le cellule. Tuttavia, sono in fase di studio i terreni di coltura alternativi che prevedono l'utilizzo di prodotti vegetali. Proprio per questo motivo è fondamentale che la ricerca prosegua ininterrotta così da poter del tutto evitare il sacrificio animale per la produzione di carne coltivata.

Una ulteriore questione riguarda l'impatto che potrebbe avere sul piano socio-economico: abolire gli allevamenti intensivi potrebbe comportare una riduzione delle persone attualmente impiegate nell'industria zootecnica. Per questo motivo, oltre alla ricerca risulta fondamentale lo sviluppo di politiche e interventi socio-economici adeguati ad attutire il contraccolpo della disoccupazione.

I benefici ambientali generati dalla produzione di carne coltivata dipendono anche da come verrebbero utilizzati i terreni da pascolo liberati dalla produzione di animali da carne. Per esempio, se i pascoli permanenti fossero convertiti in colture agricole intensive, l'impatto netto sui cambiamenti climatici sarebbe persino negativo, perché i pascoli permanenti catturano grandi quantità di carbonio dall'ambiente e la loro conversione in colture agricole intensive rilascerebbe importanti quantità di carbonio in atmosfera.

Se davvero questo tipo di alimento potrà sostituire, in tutto o in parte, l'attuale richiesta di carne, sarà il tempo a deciderlo e soprattutto il progresso tecnologico, che ne sta valutando costi e benefici. L'apertura dei mercati e l'accettazione da parte del consumatore faranno il resto.

Attenzione a non confondere la carne "coltivata" con la "carne vegetale": quest'ultima non è fatta da cellule animali, quindi con la stessa composizione di proteine e grassi, bensì deriva da prodotti vegetali, dove le proteine sono prese per esempio dalla soia, dalle lenticchie o dai piselli, e i grassi per esempio dall'olio di cocco. Quindi questi prodotti sono completamente vegetali e la loro composizione nutrizionale è piuttosto diversa da quella della carne, sia essa derivante dal macello o dalla cellula staminale.

Ma come siamo messi oggi in Italia, in Europa e nel resto del mondo?

In Italia e in Europa, ad oggi, non ne è permessa la commercializzazione.

L'Italia è stato il primo Paese dell'Unione Europea a esprimere parere sfavorevole alla commercializzazione e agli studi sulla carne coltivata. Che siano coinvolti gli interessi economici degli allevatori e di tutto l'indotto della catena a essi legata? Può darsi. Sta di fatto che all'estero proseguono gli studi, profumatamente finanziati, e nei prossimi anni si arriverà comunque a una sua diffusione, anche con l'abbassamento dei prezzi che al momento sono molto alti, dato l'elevato costo della manodopera altamente specializzata, degli ingredienti e delle attrezzature. Ad oggi, nel mondo, la carne coltivata può essere commercializzata e venduta solo a Singapore, in Israele e negli Stati Uniti. Qualora arrivasse in Europa dovrà ovviamente superare i rigidi test dell'EFSA, come tutti i Novel Food.

I vantaggi della carne coltivata sono ovviamente legati a un suo possibile utilizzo come fonte proteica, a un prezzo che potrebbe diventare, nel tempo, molto basso, senza lo sfruttamento e la sofferenza degli animali, impattando molto meno sull'ambiente. Oltretutto, essendo le condizioni di coltura cellulare controllate, potremmo anche decidere di diminuire il quantitativo di grassi o di privilegiare quelli "buoni", così da ottenere un prodotto più sano e più sicuro per il consumatore.

Alcuni scienziati del Berkeley Lab, negli Stati Uniti, hanno fondato una startup che intende produrre carne a partire dall'utilizzo dell'anidride carbonica, utilizzando nuove tecnologie in grado di sfruttare, e quindi ridurre, l'inquinamento atmosferico.

Tale carne, definita in questo caso sintetica, sarebbe prodotta attraverso una fermentazione di colture vive, alimentate tramite un mix gassoso fatto di CO2 prelevata dall'ambiente. In questo modo sarebbe possibile ottenere una farina ricca di proteine simili a quelle della carne.

Le tecniche di coltivazione della carne non sono un'opzione alimentare ideata ultimamente: le radici di questa idea sono ben più radicate nel passato anche se l'attenzione dei media è diventata travolgente quando è stato presentato il primo hamburger cresciuto in laboratorio nel 2013, in una conferenza stampa a Londra.

Come impatta la carne coltivata sull'ambiente?

Uno studio condotto da ricercatori di Oxford e dell'Università di Amsterdam ha osservato che la carne coltivata genera il 4 per cento di emissioni di gas serra (contro il

14,5 per cento degli allevamenti) riducendo il fabbisogno energetico fino al 45 per cento e richiedendo il 2 per cento della superficie terrestre. Si tratta di circa 376 volte meno ettari di terra di quanti ce ne vogliono per il pascolo degli animali, e il 10 per cento dell'acqua usata per il loro consumo.

PER CHI VUOLE APPROFONDIRE

Tutti sappiamo che la carne deriva dalla macellazione degli animali. Ma cos'è esattamente "la carne"? È un pezzo di muscolo, costituito da cellule proteiche e adipose, ovvero proteine e grassi. La carne coltivata in laboratorio non è altro che una riproduzione a livello cellulare della stessa tipologia di nutrienti, ovvero proteine e grassi, a partire da un "pezzettino" di tessuto animale, prelevato con una biopsia. Dalla biopsia vengono prelevate solo le cellule staminali, ovvero cellule "pluripotenti", capaci di trasformarsi in ogni tipo di tessuto dell'organismo. Se le cellule staminali sono fatte crescere in condizioni controllate si possono trasformare in "muscolo". Questo processo di trasformazione si chiama differenziazione cellulare, e le cellule ottenute si definiscono "specializzate". Un'operazione che si può tentare con qualunque specie ma che per ora è stata sperimentata con bovini, maiali, tacchini, polli, anatre e pesci.

Le cellule specializzate vengono nutrite costantemente e fatte proliferare, così che possano essere utilizzate per anni, senza dover ricorrere nuovamente alla biop-

sia sull'animale. Ora, per produrre il pezzo di carne coltivata, sono necessari due ingredienti: il terreno di coltura e il supporto. Il terreno di coltura è una sorta di brodo che contiene tutti gli ingredienti per far crescere le cellule, come ossigeno, aminoacidi, zuccheri, grassi, vitamine e sali minerali. Questo terreno di coltura, attualmente, è il siero di feto bovino, ma si suppone che a breve venga sostituito con un terreno liquido vegetale così da non perpetuare la crudeltà sugli animali. Il secondo ingrediente necessario, il supporto, è una sorta di impalcatura tridimensionale che permette di fare crescere le cellule. Questo può essere di origine animale, come il collagene o la gelatina, oppure di origine vegetale come il materiale cellulosico. Il tutto viene quindi inserito all'interno di bioreattori, contenitori chiusi in cui si riproducono in maniera controllata le condizioni ottimali di crescita, come all'interno del corpo degli animali. Si controllano temperatura, umidità, ossigenazione, flusso di nutrienti.
A mano a mano che le cellule proliferano, vengono spostate da piccoli a grandi reattori, fino a quando cellule e tessuti raggiugono le dimensioni desiderate. A questo punto si può dare alle cellule ottenute la forma desiderata, perché dal bioreattore esce una sorta di macinato di carne, che può prendere qualsiasi forma noi vogliamo ottenere.
Una volta che il processo è partito, teoricamente è possibile continuare a produrre carne all'infinito senza aggiungere nuove cellule da un organismo vivente.

Si è stimato ad esempio che, in condizioni ideali, due mesi di coltivazione di dieci cellule muscolari di maiale potrebbero generare 50.000 tonnellate di carne.
Il risultato è sorprendente! Perché da poche unità di cellule di un animale possiamo ottenere grandi quantitativi di "macinato" con cui possiamo fare hamburger, wurstel, polpette e così via, senza nemmeno uccidere un animale!
E se a qualcuno sorge spontanea la domanda: ma l'animale non soffre per il prelievo di cellule? La risposta è sì ma come potrebbe essere un dolore causato da una sbucciatura. E comunque l'obiettivo è quello di prelevarne piccoli quantitativi, e di rendersi poi indipendenti dall'animale.

Nuove classificazioni: i cibi processati e l'impatto sull'ambiente

Tradizionalmente la maggior parte delle classificazioni degli alimenti si basa sul profilo nutrizionale o energetico.

Una classificazione molto interessante, sempre più utilizzata a livello mondiale, è quella realizzata all'Università di San Paolo in Brasile, che considera il grado di trasformazione degli alimenti: la cosiddetta processazione. Per molti studiosi questo è un fattore determinante per definire l'impatto del cibo sull'ambiente ma anche sulla salute. In generale, un alimento poco processato ha un basso impatto ambientale: meno è processato, minore è l'impatto.

Questo tipo di classificazione, definita "Nova", prevede la divisione degli alimenti in quattro gruppi.

GRUPPO 1: alimenti non trasformati o minimamente processati

CARATTERISTICHE: cibi freschi o sottoposti a processi di conservazione semplice (ad esempio, refrigerazione, congelamento, essicazione, confezionamento sottovuoto)

ESEMPI: frutta e verdura fresca, frutta oleaginosa, cereali interi, legumi, carni, uova e latte freschi

CONSIGLI: gli alimenti di questo gruppo sono la base per diete sane; variare il più possibile e consumare soprattutto quelli vegetali

GRUPPO 2: ingredienti processati per le preparazioni culinarie

CARATTERISTICHE: alimenti impiegati per elaborare i cibi del primo gruppo

ESEMPI: oli vegetali, grassi vegetali e animali, farine, sale, zucchero

CONSIGLI: consumare con attenzione e in piccole quantità

GRUPPO 3: alimenti processati

CARATTERISTICHE: prodotti abbastanza semplici, ottenuti aggiungendo olio, sale e altri condimenti del secondo gruppo agli alimenti del primo gruppo. Le lavorazioni comprendono di solito cotture e conservazione

ESEMPI: pane fresco di qualunque tipo, formaggi, insaccati e cani lavorate, pesci in scatola, verdure e legumi conservati, tostati e/o salati, sott'olio o sottaceto, o in salamoia

CONSIGLI: consumare con molta moderazione e solo occasionalmente le carni trasformate

GRUPPO 4: alimenti e bevande ultra-processati

CARATTERISTICHE: prodotti industriali che generalmente utilizzano cinque o più ingredienti e additivi

ESEMPI: sostitutivi del pane quali grissini e crackers, margarina, biscotti e cereali zuccherati per la prima colazione, yogurt alla frutta, piatti pronti a base di pasta, dessert, bevande gassate, "Energy drinks", bevande a base di latte e cacao

CONSIGLI: il consumo eccessivo di questi alimenti aumenta il rischio di obesità e molte altre malattie non trasmissibili legate all'alimentazione

Gli alimenti ultra-processati

Gli alimenti altamente trasformati sono spesso sbilanciati da un punto di vista nutrizionale: hanno una maggiore probabilità di avere un'elevata densità calorica, di essere ricchi di sale e zucchero, e poveri di fibre e micronutrienti. Ne consegue che il consumo abituale di questi cibi favorisce l'aumento di peso e le malattie cardiovascolari.

Alla base degli effetti negativi determinati da un eccessivo consumo di questi alimenti possono esserci:

- un'alimentazione di scarsa qualità nutrizionale data dall'alta densità energetica e dal basso contenuto di fibre;
- la presenza dei composti tossici che si formano in seguito ai processi industriali come acrilammide e acroleina;
- il packaging contenente composti chimici che hanno effetti sul sistema endocrino e che aumentano il rischio di alterazioni metaboliche, ad esempio bisfenolo e ftalati;
- una sensazione di sazietà totalmente sregolata per l'eccesso di grassi, di sale e di zucchero presenti in questi alimenti;
- la modifica dell'equilibrio del microbiota intestinale, che favorisce la selezione di specie che promuovono malattie legate ai processi infiammatori e malattie metaboliche.

Il cibo del futuro: i cinquanta alimenti sostenibili

Il 75 per cento dei nostri consumi alimentari proviene da sole dodici colture e cinque specie animali, quando ci sono migliaia di specie adatte al consumo umano che coprono appena il 25 per cento dei consumi.

Diversificare le diete aiuterebbe a far fronte ai cambiamenti dell'ambiente, oltre a migliorare sia gli aspetti nutrizionali che la fertilità dei suoli.

Knorr e il WWF, in linea con i criteri di sostenibilità che la FAO ha stabilito, hanno stilato un elenco di cinquanta cibi che dovranno guidare le diete di tutti, sostituendo pian piano gli alimenti meno sostenibili. I cibi sono stati scelti sulla base delle caratteristiche che meglio rispecchiano la definizione di dieta sostenibile ma anche sulla base del gradimento.

La lista comprende alghe, cereali, legumi e germogli, cactus (ebbene sì), radici e tuberi, frutta, verdura, semi, funghi. Se ci fate caso, sono del tutto assenti gli alimenti di origine animale. In alcuni casi hanno rese superiori alla media dei prodotti analoghi e in molti casi sono resistenti alla siccità e al caldo.

Gli alimenti sono tutti diversi nel gusto e nell'aspetto, sono ricchi di colori e offrono sapori e consistenze per soddisfare tutti i palati. Ciò che invece hanno in comune è l'alto valore nutrizionale e il minore impatto ambientale.

Le fonti proteiche di origine vegetale sostengono il cambiamento verso il consumo di più piante e meno animali, i legumi arricchiscono il suolo in cui sono coltivati, i funghi hanno la capacità di crescere in aree inadatte alle piante commestibili.

Fra i cibi suggeriti sicuramente l'attenzione è catturata dalle alghe, tra i primi Novel Food a entrare nel nostro Paese. In Occidente siamo poco abituati al loro consumo, ma gli esperti prevedono che giocheranno un ruolo determinante. Per crescere infatti richiedono meno acqua e meno energia rispetto alle piante, e la loro coltivazione è definita "carbon negative": rimuovono CO_2 dall'ecosistema e sono responsabili per metà di tutta la produzione di ossigeno sulla Terra. Possono essere ricche di proteine e il loro sapore può ricordare quello della carne.

Le alghe, ingredienti che hanno raggiunto le nostre tavole grazie ai ristoranti orientali, contengono acidi grassi essenziali (in particolare omega-3) e antiossidanti. Le più diffuse, come l'alga Nori e l'alga Wakame, si coltivano facilmente senza bisogno di fertilizzanti e pesticidi.

Molte alghe approvate per il consumo umano hanno un contenuto proteico che può variare dal 27 al 70 per cento. Ricordiamo che nella carne la quota proteica si aggira intorno al 22-25 per cento.

Inoltre, le alghe possono essere prodotte su terreni inadatti alle piante, utilizzando acqua non potabile (compresa l'acqua di mare), il che consente loro di affiancarsi all'agricoltura tradizionale senza entrare in competizione con essa e a questo si aggiunge, ricordiamolo, la loro capacità di sequestrare CO_2.

Fra i cinquanta alimenti del futuro vi sono diversi legumi: molto nutrienti perché ricchi di proteine, minerali e vitamine del gruppo B, sono importanti anche perché la loro coltivazione arricchisce i terreni in azoto. Le lenticchie, per esempio, hanno un'impronta di carbonio quarantatré volte inferiore a quella della carne bovina. La soia, legume coltivato da novemila anni, è un ingrediente fondamentale della cucina cinese. È una delle principali colture a livello globale, ma i tre quarti della produzione sono destinati a mangime per animali, prima di tutto polli, poi maiali, vacche da latte e bovini da carne. Spostare parte di questa produzione dal consumo animale a quello umano aumenterebbe notevolmente l'efficienza del sistema e permetterebbe di ridurre la deforestazione provocata da questa coltura.

Se pensiamo ai cereali e alle granaglie, ci vengono in mente le poche varietà che tutti consumiamo, in realtà le possibilità sono tantissime e diversificare le colture è una necessità impellente. I cereali e gli pseudo-cereali (piante appartenenti a famiglie botaniche diverse dalle graminacee, ma con caratteristiche di utilizzo simili, come il grano saraceno) sono coltivati in tutto il mondo. Nei Paesi occidentali prevale il frumento, in Sud America il mais, in Asia il riso e in molte regioni dell'Africa il miglio, ma gli pseudo-cereali che potremmo utilizzare sono molto più numerosi. Fra questi, la quinoa e l'amaranto hanno ormai raggiunto una certa notorietà anche alle nostre latitudini, tanto che la forte richiesta di quinoa da parte dei Paesi occidentali ha mandato in crisi, in Sud America, il sistema di produzione tradizionale, sottraendo un alimento fondamentale alle popolazioni locali.

Fra i meno noti ricordiamo il fonio (*Digitaria exilis*), coltivato in Africa da più di cinquemila anni. È resistente alla siccità e cresce anche nei terreni sabbiosi e acidi, le radici aiutano a consolidare il suolo e prevenire la desertificazione, ed è fra i cereali che maturano più rapidamente al mondo. I piccoli semi, molto nutrienti, contengono ferro, zinco, magnesio e fitonutrienti. Anche il teff è un cereale caratterizzato da un piccolo semino tondeggiante, coltivato da tempo in Etiopia, dove la farina viene utilizzata per preparare il tipico pane injera. È una buona fonte di ferro, calcio, magnesio, manganese e fosforo, si adatta ai cambiamenti climatici, può sopportare sia suoli aridi che inondati, è facile da conservare e resistente agli insetti.

Fra gli ortaggi, il Rapporto Knorr segnala diverse verdure a foglia verde, perché versatili, povere di calorie e ricche di fibre, vitamine e minerali. Troviamo i classici spinaci, ma anche suggerimenti insoliti, come quello di consumare le foglie della zucca, oltre ai fiori. L'importanza delle brassicacee, piante della famiglia dei cavoli, è già nota: importanti fonti di composti antitumorali, contengono anche vitamine e ferro in quantità elevate.

Fra le verdure più insolite troviamo il crescione d'acqua (*Nasturtium officinale*): è considerato un superfood per il suo contenuto elevato di antiossidanti, in particolare betacarotene e vitamina C. È molto interessante anche l'okra (o gombo, *Abelmoschus esculentus*), pianta fra le più resistenti al calore e alla siccità. Coltivata principalmente in Asia, ha raggiunto anche il nostro Paese ed è prodotta in Sicilia.

Nell'elenco troviamo anche diverse specie di funghi: versatili, facili da coltivare e interessanti dal punto di vista nutrizionale, come i Maitake.

Noci e semi sono considerati superfood per il contenuto di proteine, vitamine e acidi grassi essenziali. Il sapore particolare e la consistenza croccante li rendono adatti a numerosi utilizzi e il noce è forse il più antico albero utilizzato dall'uomo come fonte di cibo.

I semi si utilizzano in tutto il mondo, tuttavia fra le tante possibili varietà, molte sono ignorate. I semi di canapa, per esempio, sono molto ricchi dal punto di vista nutrizionale, inoltre la pianta cresce rapidamente in terreni di diverso tipo, non richiede pesticidi o fertilizzanti e può essere utilizzata anche per produrre tessuti, polimeri biodegradabili e carta.

Rientrano nella rosa degli alimenti da valorizzare anche i germogli. Il loro uso risale a cinquemila anni fa e sono apprezzabili perché durante la germogliazione aumenta notevolmente la loro ricchezza nutrizionale. I germogli sono ricchissimi di nutrienti, hanno un sapore delicato, si possono gustare crudi o cotti, e conferiscono gusto e consistenza ai piatti. I più noti sono quelli di soia o di fagiolo mungo verde (*Vigna radiata*), ma si possono ottenere da un gran numero di piante, come l'alfa alfa (erba medica) e i ceci. Bisogna notare che la germogliazione richiede che i semi siano mantenuti alcuni giorni in condizioni calde e umide, rischiose perché favoriscono la proliferazione batterica. Se li produciamo in casa, quindi, è necessaria grande attenzione alle norme igieniche.

Recentemente si parla anche dell'uso dei germogli di bambù in cucina. Dal punto di vista nutrizionale sono un'ottima fonte di potassio e di fibre, poveri di zuccheri e poverissimi di grassi. Il bambù contiene numerosi fitocomposti, con proprietà antinfiammatorie e antiossidanti.

È importante ricordare che il bambù è una pianta ecologica per eccellenza poiché ha un tasso di crescita molto rapido; il suo legno viene considerato una risorsa velocemente rinnovabile e adatta a ridurre la deforestazione. Crescendo, il bambù arriva a produrre circa il 35 per cento in più di ossigeno e ad assorbire il 40 per cento in più di anidride carbonica rispetto agli alberi, determinando un maggiore contributo contro la crisi climatica e un importante cambiamento nella qualità dell'aria. Anni di studi inoltre hanno confermato la tesi secondo cui il bambù è un materiale da costruzione ottimo per via della sua forza, della sua flessibilità e versatilità.

Fra i vegetali interessanti rientrano anche diversi tuberi. Il più noto tubero commestibile è la patata, di cui esistono decine di varietà, ma sono coltivate su vasta scala solo pochissime di queste. Fra i tuberi meno noti, ricordiamo l'ube, o igname viola (*Dioscorea alata*), pianta rampicante originaria delle Filippine che produce radici commestibili di colore viola e sapore dolce. È interessante anche la patata messicana (*Pachyrizus erosus*), appartenente alla famiglia delle leguminose: contiene più acqua rispetto agli altri tuberi, quindi è meno calorica e più rinfrescante, si utilizza cruda in insalata, stufata oppure fritta, come le patate. La pianta ha una resa elevata e permette di arricchire il terreno in azoto.

Difficile da immaginare è la possibilità di mangiare cactus, eppure alcune specie commestibili sono ricche di vitamine, carotenoidi, fibre e aminoacidi. E se mangiare meduse può sembrare a molti strano, questo Novel Food è consumato da generazioni in alcuni luoghi dell'Asia: le meduse infatti sono ricche di proteine, soprattutto collagene, e contengono diversi minerali. Quindi se alcune specie possono essere tossiche per l'uomo, ce ne sono altre che sono sicure da consumare. Vedremo.

Il messaggio fondamentale che possiamo ricavare da questo lungo elenco è la necessità di diversificare le colture, valorizzando le varietà con le caratteristiche ecologiche ottimali nei diversi ambienti. Provare nuovi alimenti è interessante per ognuno di noi, ma senza esagerare con quelli esotici, perché trasportare il cibo da una parte all'altra del globo ha un notevole impatto ambientale. Non solo, per ogni nuovo alimento consumato, dobbiamo dare al nostro organismo il tempo necessario per adattarsi fino a quando non lo accetterà pienamente.

Ricordiamo nuovamente, per concludere, che la selezione dei cinquanta cibi è stata fatta non solo su base nutrizionale ma anche sulla base della sostenibilità: la produzione e le coltivazioni suggerite sono infatti tra le meno inquinanti in relazione all'impatto sulla qualità dell'aria, dell'acqua, del suolo, nonché sulla deforestazione.

Come suggerito dal rapporto di WWF e Knorr, per una popolazione mondiale più sana e un pianeta più pulito, è necessario non solo modificare la nostra dieta ma anche suggerire questi tre cambiamenti fondamentali:

- maggiore varietà e una maggiore quantità di verdure;
- altre fonti proteiche a base vegetale, al posto di carne, pollame e prodotti lattiero-caseari;
- più varietà nei tipi di cereali e di altre fonti di carboidrati.

Le cinque zone blu del mondo

La parola dieta, se intesa nella sua accezione più ampia, legata all'origine della parola, vuol dire *stile di vita*, include dunque anche i comportamenti legati all'assunzione di cibo. Oltre ad avere cura di cosa mangiare, è altrettanto importante pensare a come mangiare: con calma o abbuffandoci? Con appetito o per noia? Per piacere o per dovere? In compagnia o in solitudine?

Nel mondo esistono luoghi conosciuti come "Zone Blu", regioni in cui un gran numero di persone vive molto più a lungo della media. Oltre a varie specificità culturali e abitudini di vita, l'alimentazione gioca un ruolo centrale nell'aumento della longevità.

Le zone blu sono state istituite nei primi anni Duemila da Michel Poulain, demografo ed esperto di longevità, Gianni Pes, medico sardo, e Dan Buettner, esploratore e National Geographic Fellow, autore e giornalista.

Innanzitutto, vediamo quali sono le zone blu: l'Ogliastra (in Sardegna), l'isola di Okinawa in Giappone, Nicoya in Costa Rica (America Centrale), l'isola di Icaria in Grecia e la località di Loma Linda in California (USA).

Analizziamo lo stile di vita e l'alimentazione in queste cinque zone e vediamo se hanno qualcosa in comune e se la loro dieta è sostenibile.

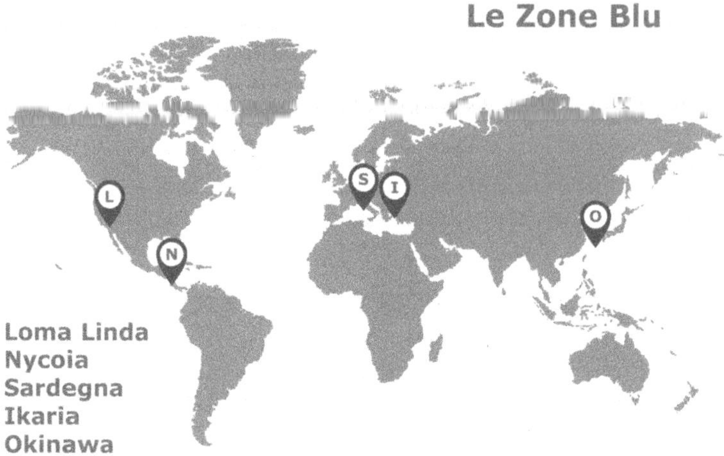

Nelle zone blu si intrecciano diverse caratteristiche: alcune materiali e altre spirituali.

Sono tutti posti con paesaggi splendidi, piuttosto selvaggi, spesso in altipiani o in zone montuose ma anche vicini al mare, un po' isolati (la componente genetica per questo ha un certo peso), abitati da comunità molto unite e dove si segue uno stile di vita salutare, a partire dall'alimentazione, dove non mancano il movimento e la vita all'aria aperta. Nelle zone blu, le persone anziane, spesso centenarie, sono anche in forma, sane, perfettamente integrate nel sociale: un esempio sorprendente e bellissimo di invecchiamento attivo.

Tutti questi fattori giocano un ruolo determinante nella longevità. Ma cosa hanno in comune gli abitanti delle zone blu?

Spiritualità

Gli abitanti delle zone blu coltivano tutti il senso del sacro e una loro spiritualità. L'esempio più chiaro è forse quello di Loma Linda in California dove è molto forte la presenza della Chiesa Avventista, ma anche nelle altre zone blu c'è una forte componente spirituale. Questo condiziona notevolmente il modo di vivere: aiuta a essere meno legati ai bisogni materiali (e non a caso le zone blu sono spesso anche "povere", con stili di vita spartani) e nello stesso tempo favorisce alcuni atteggiamenti umani che hanno un grande effetto "antistress": la gentilezza, la solidarietà fra vicini, la condivisione, il perdono. Anche pregare secondo molti studiosi si può paragonare a una forma di meditazione, perché calma il ritmo del respiro e rilassa a fondo, allontanando i pensieri negativi e riportando l'armonia interiore.

Ottimismo

Il basso livello di stress e l'ottimismo sono alcuni dei meccanismi del motore che anima gli abitanti delle zone blu. Mantenere un tono dell'umore buono con un'alta produzione di endorfine ha anche un preciso effetto ormonale e chimico nell'organismo. Ne guadagna il cervello e non a caso in queste località la percentuale di demenza senile è molto bassa.

Avere uno scopo

Tutti si svegliano al mattino con un obiettivo, con un'attività da compiere. Sentirsi necessari aiuta a mantenersi vivi: essere responsabili quotidianamente delle proprie pecore o delle piante del proprio orto tiene saldamente attaccati alla vita. Anche l'appuntamento quotidiano col gruppo di amici mantiene alto il ritmo vitale.

Integrazione nella comunità

Dalla Grecia alla Sardegna le zone blu si trovano in posti isolati, chiusi all'esterno. Questo non solo ha favorito alcune caratteristiche genetiche che hanno reso la popolazione "resiliente" ma ha anche unito le comunità. Gli abitanti si aiutano, non soffrono la solitudine, la coesione sociale fa da "paracadute" ai problemi del singolo e lo aiuta a superarli meglio. Manca il senso di deprivazione e di incertezza tipico dei grandi centri urbani e delle metropoli.

Sole e movimento

Le zone blu hanno in comune anche la vita all'aperto, attiva, che contrasta le malattie metaboliche ed è parte integrante di una strategia anti-aging naturale. In più, stare al sole favorisce una buona produzione di vitamina D, una sostanza che rafforza le difese immunitarie (come si è visto anche durante la pandemia da Covid-19) e che nelle persone anziane di solito tende a calare.

Alimentazione sana

Poca carne, di produzione locale e da piccoli allevamenti spesso familiari, molti cereali, frutta e verdura e quotidianamente i legumi sono le caratteristiche in comune delle diete degli abitanti di questi territori. Al centro della loro dieta c'è l'uso di fagioli, ovviamente in quantità moderata anche per non sollecitare l'intestino. In particolare, sia in Giappone che nella contea californiana, come pure in Sardegna, sull'isola greca e nella località costaricana, gli abitanti mangiano l'equivalente di una tazza di fagioli al giorno. I fagioli sono nutrienti, hanno pochissimi zuccheri e grassi, sono ricchi di proteine vegetali e di fibre con proprietà antidiabetiche, contengono polifenoli che hanno proprietà antinfiammatorie e protettive per il cuore.

Questa dieta, va sottolineato, si tiene alla larga dal consumo di carni rosse, insaporitori e aromi industriali, zuccheri e grassi. E non solo, tiene conto anche di quanto si mangia: quantità tali che stomaco e intestino siano pieni all'80 per cento della loro capacità, evitando le abbuffate.

Le cinque zone blu, una per una

Sardegna: un posto davvero speciale

La nostra Ogliastra in Sardegna è meravigliosa per le sue coste e per i suoi borghi incastonati nella montagna che ospitano una concentrazione notevole di centenari. La vita di questa popolazione è estremamente semplice, molti sono pastori. Oltre alla genetica (che viene studiata regolarmente da anni dagli specialisti) hanno un ruolo importante l'altitudine e le conseguenti camminate in pendenza per quattro ore al giorno nonché la dieta a base di prodotti della pastorizia, come il celebre pecorino, poca carne (la domenica e nelle feste), molta verdura e legumi che apportano proteine vegetali, e un olio particolare per condire: l'olio di lentisco. Gli anziani, nella comunità, hanno sempre un componente giovane della famiglia che li affianca, e gli uomini la sera si ritrovano per stare insieme e divertirsi. A differenza delle altre zone blu, dove solo le donne sono longeve, in Sardegna uomini e donne hanno la stessa aspettativa di vita. Non dimentichiamo poi che l'ambiente in cui vivono è davvero poco inquinato.

Okinawa: l'isola degli immortali

L'hanno chiamata l'isola degli immortali e c'è un fondo di verità. Okinawa, nell'arcipelago di Ryukyu, in Giappone, è una delle zone blu più famose. I suoi abitanti, con una storia di lotte e privazioni, sono probabilmente il frutto di una selezione naturale. Essi hanno alcuni princìpi che, nei secoli, non sono cambiati: una dieta fatta di moderazione (mai mangiare troppo: lo stomaco dopo il pasto non deve essere del tutto pieno), la forte partecipazione alla vita in famiglia e nella comunità, infine il coltivare una passione personale, come la musica o la cura dell'orto o del giardino. E ancora, considerare la gentilezza nel rapporto con gli altri come fondamentale per la salute mentale, e considerare il cibo come uno strumento per ridurre le malattie. Proprio in questa forte motivazione e nell'avere sempre uno scopo (anche in tarda età) si può forse trovare il segreto dei tanti centenari di Okinawa.

Per quanto riguarda strettamente l'alimentazione, è molto diffuso l'uso del tofu, accompagnato da molte verdure (patate viola, daikon, peperoni, pomodori, aglio e cipolla) e il consumo di sale è bassissimo. La carne di maiale, inoltre, si consuma solo completamente sgrassata.

Icaria: l'isola greca amata dagli escursionisti

Il territorio in forte pendenza ha una natura lussureggiante e per questo è molto amato dagli escursionisti. Per gli abitanti e per i turisti, l'aria pulita e il clima invogliano a fare attività all'aperto.

Nei secoli le invasioni da parte di Persiani, Romani e Turchi hanno spinto la popolazione a rifugiarsi nell'entroterra. Questo ha portato alla nascita di una cultura isolata ricca di tradizioni e valori familiari, che si è tramandata nel tempo a favore della longevità.

Qui regna una variazione della Dieta Mediterranea (Patrimonio Culturale Immateriale UNESCO) con molta frutta e verdura, cereali integrali, fagioli, patate e olio d'oliva (che protegge il cuore). Si fa largo consumo di tisane con piante aromatiche presenti sull'isola come rosmarino selvatico, salvia e origano, fonti di antiossidanti. Le tisane sono anche diuretiche e contribuiscono a tenere sotto controllo la pressione sanguigna. Al posto del latte di mucca si beve quello di capra nutrita con erba selvatica: molti sono i benefici come l'apporto di potassio, una digestione più facile e l'apporto di un concentrato di sostanze benefiche che dall'erba selvatica passano al latte.

Lo stile di vita è senza frenesia e lo spazio per la tradizionale pausa pomeridiana non manca mai; la sera si balla fino a tardi e la mattina ci si alza tardi. Un'ottima combinazione antistress.

Nicoya: il loro segreto è l'aiuto reciproco

Spostiamoci in Costa Rica, in America Centrale, su una penisola a un passo dal confine col Nicaragua. Nicoya è un distretto nella provincia del Guancaste.

Si dice che gli abitanti abbiano una visione positiva della vita, fattore che a sua volta incide sulla longevità. La socialità, i rapporti con amici e parenti sono la loro arma vincente. In questo contesto, avere un obiettivo da raggiungere li aiuta a mantenersi attivi. I centenari di Nicoya visitano spesso i vicini e in genere vivono in famiglia. In questo modo si sentono necessari e si impegnano per contribuire al bene comune. La dieta tradizionale prevede: zucca, mais e fagioli. Si cena presto e con un pasto leggero. Anche il sole aiuta: un'esposizione regolare e senza eccessi aiuta a produrre vitamina D per ossa forti, evitando patologie come l'osteoporosi e le malattie cardiache. A questo si aggiunge un'acqua che ha il più alto contenuto di calcio del Paese. Infine, il Costa Rica, Paese economicamente solido, ha una buona assistenza sanitaria.

Loma Linda: fede religiosa e cucina vegetariana

Andiamo negli Stati Uniti, in una soleggiata cittadina californiana, per scoprire l'ultima zona blu. Situata a un centinaio di chilometri da Los Angeles, fra le vette di San Bernardino e San Jacinto, Loma Linda è in una posizione strategica fra spiagge, montagne e deserto.

Per decenni è stata sede nazionale di ricerca sulla salute e sul benessere. L'attenzione verso queste tematiche ha radici lontane. Risale al 1840 la fondazione della Chiesa Avventista del Settimo Giorno, movimento religioso cristiano nato proprio negli USA. Fin da subito, la Chiesa Avventista si dimostrò molto interessata alla salute, considerata dai suoi membri un elemento centrale della propria fede. "Il corpo è il tempio dello spirito" è il principio su cui si basa la grande attenzione alla salute. Si predicava uno stile di vita naturale e vegetariano, senza tabacco e alcol. Quest'attenzione non mutò nel corso del Novecento, secolo in cui la Chiesa si diffuse sempre più. Oggi, nell'area di Loma Linda la comunità avventista conta circa novemila membri. Vivono fino a un decennio in più rispetto al resto degli americani.

Se osserviamo come mangiano, notiamo che le loro colazioni sono abbondanti e le loro cene frugali. Si pensa che il maggior contributo a questa longevità sia dato dall'assenza di carne dalla dieta e dall'esercizio regolare. Chi mangia carne di solito la serve come contorno invece che come piatto principale. Diversamente, verdure, frutta e legumi costituiscono la maggior parte del loro apporto alimentare, con quantità limitate di sale e zucchero. Gli avventisti sono anche grandi consumatori di noci. Secondo bluezones.com, «gli avventisti che consumano noci almeno cinque volte a settimana hanno circa la metà del rischio di malattie cardiache e vivono circa due anni in più rispetto a quelli che non lo fanno».

Le cinque zone blu, sostenibilità e amore per il pianeta

Le zone blu sono tutti luoghi incontaminati o comunque poco inquinati. Non è solo un caso: i loro abitanti hanno rifiutato, nel tempo, i modelli di coltivazione e di allevamenti intensivi. Hanno rispettato la biodiversità. Basti pensare alle piante rare che ancora si trovano in Ogliastra: una è la delicata Aquilegia Nuragica dai fiori viola, di cui esistono pochi esemplari in tutto il mondo, ma ce ne sono tantissime.

L'alimentazione in tutte le zone blu segue decisamente i criteri della sostenibilità: la forte componente vegetale, la moderazione, l'utilizzo di materie prime locali. Anche il rispetto e la cura dell'ambiente sono componenti importanti della sostenibilità che queste comunità adottano.

Quello delle zone blu è, insomma, oltre che un modello per la longevità e la salute, anche un modello di sostenibilità.

Le diete sostenibili

Secondo la definizione della FAO, l'alimentazione sostenibile è quella che ha un ridotto impatto ambientale e al tempo stesso soddisfa le linee guida nutrizionali. È economica, accessibile e culturalmente accettabile.

Secondo il CREA «non può esserci salute del consumatore senza protezione dell'ambiente, senza la necessaria attenzione alle fasce sociali più deboli e senza indicazioni pratiche per la scelta di alimenti e comportamenti che prendano in considerazione tutti questi aspetti».

Le diete sostenibili sono regimi alimentari che non solo fanno bene al pianeta, ma anche alla nostra salute, in linea con la definizione di "One Health".

"One Health" è un modello sanitario ufficialmente riconosciuto dal Ministero della Salute e da tutte le organizzazioni internazionali. Si basa sul riconoscimento che la salute umana, la salute animale e la salute dell'ecosistema sono indissolubilmente interconnesse.

Prenderci cura di noi attraverso le scelte alimentari è un prenderci cura anche del mondo che ci circonda, e trasformare il circolo *vizioso* di farmaci e cure in un circolo *virtuoso* di salute e benessere nel concetto di "One Health".

La prima cosa da fare è includere il più possibile i cibi freschi e cucinarli anche se costa tempo e fatica.

Nell'era del cibo pronto e recapitato in casa grazie ai vari "delivery", può sembrare una scelta non solo controcorrente, ma anche obsoleta. Eppure, è là che dovremmo andare, è da là che dovremmo attingere: alle vecchie abitudini, al cibo semplice adattando le scelte antiche al mondo moderno.

Pianificare con cura il nostro tempo e delegare chi può darci una mano sono due condizioni essenziali per riuscire a mettere in pratica una dieta sostenibile.

Ma andiamo con ordine, e proviamo ora a descrivere le diete che a nostro avviso (e secondo gli studi) sono le più sostenibili, e al contempo, le più salutari.

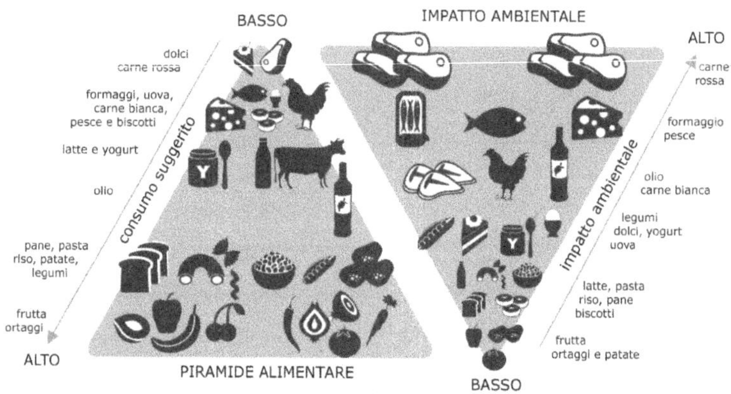

Piramide alimentare sostenibile a confronto con la piramide dell'impatto ambientale

Da dove partiamo?

Abbiamo ampiamente visto come un'alimentazione sostenibile significhi rispettare la nostra salute e quella del pianeta. Ma come iniziamo questo cambiamento?

Abbiamo previsto tre semplici step, tutti con il "segno meno":

- MENO cibo. L'eccesso di cibo predispone al sovrappeso e fa aumentare il numero di coltivazioni e di allevamenti;
- MENO spreco. Nel mondo un terzo del cibo viene buttato via, con spreco di risorse energetiche, idriche, agrarie ed emissioni di gas serra;
- MENO alimenti di origine animale. Hanno un impatto maggiore sull'ambiente rispetto a quelli di origine vegetale.

Tra le diete sostenibili, si annovera quella mediterranea, patrimonio UNESCO, ma soprattutto la vegetariana e la vegana, basate tutte sul consumo di alimenti vegetali. Tutte e tre le diete ricavano l'energia e le proteine soprattutto da cereali e legumi che, come abbiamo detto più volte, riducono notevolmente l'impatto prodotto sull'ambiente rispetto a un tipo di alimentazione onnivora che attinge all'allevamento intensivo.

Sono quindi diversi i motivi per cui basare la propria dieta sugli alimenti di origine vegetale:

- per ridurre il numero di allevamenti intensivi;
- per garantire l'autosufficienza alimentare del pianeta: una dieta prevalentemente vegetariana adottata in modo ampio dalla maggior parte della popolazione mondiale garantirebbe cibo a sufficienza per tutti;

- per la salute: una dieta ricca di vegetali, se correttamente bilanciata, contribuirebbe alla nostra salute. Chi adotta questo tipo di regime alimentare ha meno probabilità di ammalarsi di patologie come il diabete tipo 2, alcune forme di tumore, obesità, cardiopatie e ipertensione.

Gli alimenti di origine vegetale sono in generale ricchi di:
- fibra alimentare, che migliora lo stato di salute del nostro intestino e riduce l'assorbimento di zuccheri e grassi;
- grassi "buoni" di origine vegetale contenuti nella frutta a guscio, nei semi oleosi, nell'olio extravergine di oliva, importantissimi per la salute del cuore e del cervello;
- fitocomposti, simili alle vitamine, prodotti dalle piante per difendersi, aiutano noi a difenderci dalle malattie.

La dieta mediterranea

È Patrimonio dell'UNESCO dal 2010, la consideriamo la "nostra" dieta e siamo convinti di conoscerla bene. Pensiamo che sia la dieta delle tre P, cioè Pizza, Patate e Pasta, ma in realtà non è esattamente così. Al contrario, sono raccomandati alimenti che per la maggior parte delle persone sono solo occasionali, o del tutto assenti nella dieta, come i legumi, le erbe aromatiche, la frutta a guscio, come possiamo vedere dall'interpretazione della dieta mediterranea con la famosa Piramide Alimentare.

È un modello nutrizionale ispirato allo stile alimentare del contadino meridionale degli anni Cinquanta, e presente in tutti i Paesi che si affacciano sul Mar Mediterraneo. Gli scienziati di tutto il mondo, dopo Ancel Keys, fondatore della dieta, hanno iniziato a studiarla fin dagli anni Sessanta del secolo scorso e ancora oggi rimane tra le diete che, associate a stili di vita corretti, risultano influire positivamente sulla nostra salute. Ricordiamoci che questa dieta nasceva come risposta all'alta percentuale di americani che si ammalavano di malattie cardiovascolari mangiando abbondante carne bovina, patate fritte e bevande zuccherate. E su questo torneremo più avanti.

L'UNESCO ha dichiarato la dieta mediterranea come patrimonio culturale immateriale dell'umanità considerando il termine dieta in senso etimologico, ovvero come stile di vita da prendere a modello in virtù dei suoi effetti benefici sulla salute.

L'UNESCO afferma che «la dieta mediterranea rappresenta un insieme di competenze, conoscenze, pratiche e tradizioni che vanno dal paesaggio alla tavola, alle colture, la raccolta, la pesca, la conservazione, la trasformazione, la preparazione e, in particolare, il consumo di cibo.

Il modello nutrizionale della dieta mediterranea è rimasto costante nel tempo e nello spazio e consiste principalmente nel consumo di cereali, legumi, frutta fresca o secca e verdure, una moderata quantità di pesce, latticini e carne, olio di oliva ed erbe aromatiche, il tutto accompagnato da vino, sempre rispettando le convinzioni di ogni comunità. La dieta mediterranea non è soltanto un modo di mangiare ma è anche convivialità, ritualità, biodiversità, stagionalità, filiera corta, sostenibilità economica e ambientale».

Cos'è la piramide alimentare?

Uno strumento grafico che serve a comunicare, in modo semplice, efficace e immediato, quali e quanti cibi dovrebbero essere preferibilmente assunti durante una settimana, e in quali proporzioni. Gli alimenti posti alla base sono quelli che è meglio consumare con più alta frequenza e in quantità maggiore; man mano che si sale verso il vertice della piramide, la frequenza relativa di consumo diminuisce, senza azzerarsi del tutto.

Piramide alimentare mediterranea

Vediamo che alla base della piramide alimentare ci sono attività che esulano dalla tavola ma che sono a essa intrinsecamente collegate: attività fisica, convivialità, stagionalità, prodotti locali. Dovrebbe essere il nostro stile di vita, per un'alimentazione sostenibile e salutare, espressione del concetto "One Health", concetto che ci ricorda come la nostra salute e il nostro benessere non sono solo fisici ma anche mentali, psicologici e legati alla condivisone e all'armonia. Tra gli aspetti positivi meno noti ricordiamo: la tutela del territorio e del paesaggio e il riposo adeguato.

La dieta mediterranea è caratterizzata dal consumo, a ogni pasto, di una o due porzioni di cereali, tanta verdura e una o due porzioni di frutta di diversi colori, rispettando la stagionalità e la valorizzazione dei prodotti locali.

Inoltre sono previste, giornalmente, due o tre porzioni di latte e derivati, e almeno una porzione di olive, frutta a guscio e semi oleosi, tutto condito con tre o quattro cucchiai di olio extravergine di oliva ed erbe aromatiche e spezie, questo per ridurre il sale aggiunto. Settimanalmente sono poi contemplate una o due porzioni di pollame, due o più di pesce, da due a quattro uova, e almeno due porzioni di legumi.

Al vertice della piramide troviamo gli alimenti da consumare con moderazione: ogni settimana due porzioni al massimo per le carni rosse, mentre i cibi processati, come i salumi, sarebbero da consumare con ancora più parsimonia, non più di una volta. E infine i dolci, da consumare il meno possibile, al massimo due volte a settimana.

Alla base di tutto troviamo l'acqua, importante per tutte le funzioni vitali dell'organismo.

PORZIONI STANDARD DEI PRINCIPALI ALIMENTI
latte o yogurt: 125 ml, formaggio: fresco 100 g, stagionato 50 g
carne fresca: 100 g, salumi: 50 g, pesce: 150 g, uova: 50 g
legumi: cotti 150 g, secchi 50 g
pane: 50 g, pasta o riso: 80 g, patate: 200 g
insalata: 80 g, verdure cotte: 200 g, frutta fresca: 150 g
olio o burro: 10 g, frutta secca oleosa: 30 g

Il primo studio osservazionale sulla dieta mediterranea, diventato famoso come "studio dei sette Paesi", fu condotto dal biologo e fisiologo statunitense Ancel Keys che rimase sorpreso dalla bassa incidenza di infarti nella popolazione del Sud Italia, che seguiva una dieta prevalentemente rurale, e che risultava più sana rispetto alla popolazione benestante di New York.

Nello studio vennero messe a confronto le diete adottate da Stati Uniti, Italia, Finlandia, Grecia, Jugoslavia, Paesi Bassi e Giappone per verificarne i benefici e i punti critici in termini di salute cardiovascolare.

I risultati di tale studio non lasciavano molti dubbi: più ci si scostava dagli schemi mediterranei, maggiore era l'incidenza di malattie cardiovascolari.

La letteratura scientifica degli ultimi decenni ci può aiutare a fare delle ipotesi sulle ragioni dell'effetto protettivo della dieta mediterranea sulla salute. Innanzitutto, consideriamo il fatto che tale stile alimentare prevede il consumo di alimenti a bassa densità calorica come verdura e frutta, che inoltre assicurano un apporto di fibra che protegge dall'insorgenza di molte malattie croniche. Da citare inoltre l'elevata quantità di composti antiossidanti presenti nei vegetali, come i polifenoli, e la presenza di vitamine con potere antiossidante come la vitamina C e la vitamina E.

La dieta mediterranea, costantemente approfondita, si aggiorna nel tempo considerando gli aspetti di volta in volta emergenti.

La nuova piramide unisce in maniera perfetta gli aspetti nutrizionali con quelli della sostenibilità ambientale. C'è una fondamentale novità in questa piramide: le fonti proteiche vegetali prevalgono nettamente su quelle animali.

A livello di consumi, le porzioni di latte e derivati si riducono (da due-tre passano a due) ed è coerente col fatto che sono alimenti di origine animale a impatto medio-alto, ma la grande novità è rappresentata dal consumo di legumi: da due porzioni o più alla settimana si passa al consumo quotidiano cioè dovremmo consumarli tutti i giorni! È una vera rivoluzione, prendiamone atto.

Il consumo quotidiano di legumi ci riporta immediatamente a quella tazza di fagioli che i centenari delle zone blu consumano tutti i giorni.

Per consumare anche noi più legumi, possiamo attingere agli ottimi piatti della tradizione mediterranea: pasta e fagioli, purea di fave con cicoria, humus e falafel. E sono solo degli esempi. Se poi vogliamo attingere anche alla tradizione orientale, possiamo imparare a cucinare il tofu.

L'obiezione che sorge spontanea è: ma i legumi non gonfiano troppo? Per alcune persone è così, ma unica-

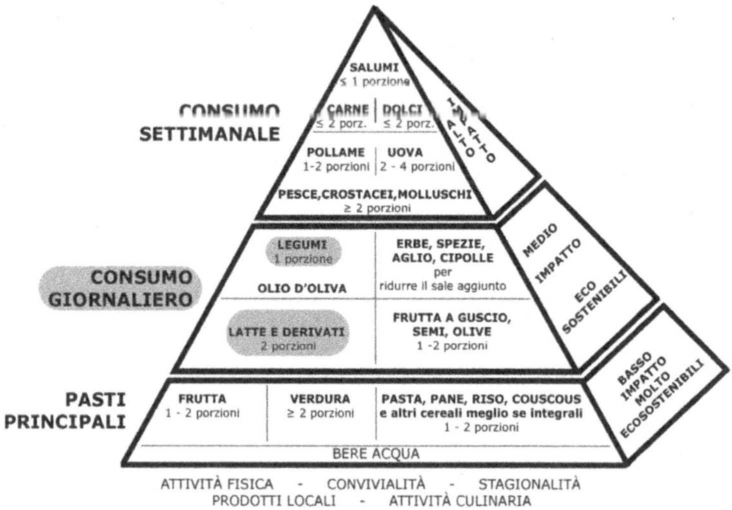

Dieta mediterranea sostenibile

mente perché non sono abituate. Ci sono due soluzioni per evitare questo problema: lasciare in ammollo i legumi secchi con aggiunta di bicarbonato, e cuocerli a lungo. In questo modo saranno eliminate le sostanze antinutrizionali responsabili del gonfiore, e quindi risulteranno più digeribili.

Ricordiamoci che tutte le volte che introduciamo un cambiamento dobbiamo farlo in modo graduale; perciò, partiamo dal consumo di piccole quantità di legumi e solo una volta alla settimana, per poi passare via via ad aumentare le quantità e le frequenze. Il nostro intestino si abituerà un po' per volta e non avremo effetti collaterali.

Le diete vegetariane

Una persona è vegetariana in quanto non mangia alimenti che comportano la morte degli animali. Una persona vegana, oltre a non mangiare alimenti che un tempo erano animali vivi, non mangia nemmeno i loro prodotti (latte, uova, formaggi, miele), perché anche questi prodotti, in certe condizioni, implicano la sofferenza degli animali, danni all'ambiente e alla nostra salute.

Esistono varie tipologie di diete vegetariane (es. latto-ovo vegetariane, o pesco-vegetariane), che mantenendo in parte le carni degli animali o i loro derivati, possono essere ben bilanciate e non farci incorrere in problemi di salute. Al contrario, le diete vegane dovrebbero essere supportate da un professionista dell'alimentazione, perché carenti di alcuni nutrienti importanti come la vitamina B12 e lo zinco.

Secondo quanto riportato recentemente da «Adnkronos», per il 10 per cento degli Italiani l'alimentazione vegetariana o vegana è l'aspetto quotidiano più rilevante per agire in modo più sostenibile. Effettivamente le evidenze scientifiche multidisciplinari degli ultimi tre decenni hanno sempre più messo in luce quanto l'alimentazione vegetariana sia una modalità di nutrizione caratterizzata da significativi effetti protettivi sia per la salute umana sia per la tutela ambientale in senso lato. L'attuale popolazione di adulti vegetariani in Italia si stima sia attorno all' 8 per cento della popolazione totale, con una tendenza in crescita.

Per quanto riguarda l'effetto favorevole dell'alimentazione vegetale circa la tutela della salute possiamo citare i principali quattro studi epidemiologici internazionali condotti sui Vegetariani: l'Oxford Vegetarian Study (1999), lo studio EPIC (European Prospective Investigation into Cancer and Nutrition, 1995-2000), l'EPIC-Oxford Study (1993-1999) e l'Adventist Health Studies (1958, 1974-1988, 2002 ad oggi). Tutti questi studi hanno reclutato prevalentemente adulti e hanno dimostrato l'azione protettiva dell'alimentazione vegetariana nei confronti delle seguenti gravi e invalidanti patologie degenerative (a eccezione dell'osteoporosi per la quale attualmente il consenso non è univoco): cardiopatia ischemica, obesità, diabete mellito, ipertensione arteriosa, neoplasie. Da tutto ciò emerge chiaramente quanto l'alimentazione vegetariana offra grandi vantaggi in termini di tutela della salute, ma non vanno trascurati anche i costi sociali che tali malattie, prevalentemente determinate da stili di vita non salutari, implicano. Infatti, possiamo stimare che nel 2021, in Italia, dal Fondo Sanitario Nazionale pari a 114 miliardi di euro, ben 74 miliardi di euro sono stati spesi per affrontare le più importanti malattie degenerative: per il diabete 12 miliardi di euro, per le malattie cardiovascolari 26 miliardi di euro e per i tumori 36 miliardi euro. Tutto ciò pone dei seri interrogativi sulla sostenibilità a lungo termine di tale spesa, da parte dello Stato, per patologie che potrebbero essere più razionalmente e più economicamente affrontate con la prevenzione primaria tramite l'educazione alimentare.

E cosa dire riguardo alla dieta crudista, fruttariana o macrobiotica? Pur essendo vegetali, tendono a escludere intere categorie di alimenti, quindi risultano estremamente sbilanciate e possono portare a carenze nutritive, soprattutto per alcune persone: bambini, donne in gravidanza e in allattamento.

Esiste una dieta considerata sana da tutto il mondo e che sia anche sostenibile?

I ricercatori di alcune università statunitensi hanno effettuato uno studio unico nel suo genere, pubblicato su «Advances in Nutrition», dove per la prima volta hanno preso in considerazione ben settantotto lavori da diverse parti del mondo: Nord America, Europa, Australia, Asia e qualche Paese del Sud America, con l'obiettivo di verificare se esistano o meno informazioni e indicazioni sulla sana alimentazione su cui tutti siano concordi.

I documenti raccolti e pubblicati dal 2010 al 2021 hanno portato a un risultato confortante, perché in tutto il mondo (tranne in Africa ma solo per mancanza di dati) l'opinione degli esperti è sostanzialmente identica per ciò che concerne le caratteristiche principali dell'alimentazione: si raccomanda di adottare una dieta che ponga al centro gli alimenti di origine vegetale.

I destinatari di questo lavoro sono i medici affinché vengano aggiornati in quanto purtroppo la loro formazione in materia di alimentazione è piuttosto scarsa, mentre le domande a loro rivolte da parte dei pazienti sono sempre numerose.

Per il diabete di tipo 2 e per le malattie cardiovascolari viene sottolineata l'importanza dei legumi e del loro consumo regolare, della riduzione dello zucchero e viene dato il consiglio di evitare le bevande zuccherate.

Le indicazioni passano poi a consigliare la diminuzione del consumo di carne rossa, delle carni trasformate e dei cereali raffinati, mentre nessuna indicazione invita a ridurre gli alimenti di origine vegetale. Non dimentichiamo poi che, secondo l'ultimo Global Burden of Disease Report, la cattiva alimentazione è la prima causa di morte per malattie non trasmissibili, cioè conta più di qualunque altro fattore di rischio, compreso anche il fumo.

Le Nuove Raccomandazioni Europee per la gestione dietetica del diabete, pubblicate ad aprile 2023, confermano che gli alimenti da preferire sono quelli vegetali: cereali integrali, verdura, frutta, legumi, frutta secca e semi, e oli vegetali non idrogenati e non tropicali. Quelli tropicali sono invece da evitare e tra questi vi sono l'olio di palma e l'olio di cocco. Confermano inoltre di ridurre il consumo di carne rossa e lavorata, di limitare i grassi provenienti dalla carne e dal burro e di aumentare invece il consumo di fibra arrivando ad almeno trentacinque grammi al giorno.

Le diete chetogeniche, cioè a basso contenuto di carboidrati e ad alto contenuto di proteine (soprattutto della carne), non sono raccomandate, in quanto non esistono evidenze di benefici, sono difficili da seguire nel lungo termine e sono state associate a vari effetti negativi: aumento del colesterolo LDL, ipoglicemia, chetoacidosi, carenze di minerali e vitamine.

Oltretutto, in caso si scelga la carne dei bovini, ricordiamo che questi, come tutti i ruminanti, possono accumulare nei loro tessuti solo i pericolosi grassi saturi, indipendentemente da come è stato allevato l'animale, e che il ferro contenuto nelle carni rosse è anche un potente ossidante, responsabile proprio di quel danno che tentiamo di neutralizzare con gli antiossidanti del regno vegetale.

In conclusione, consumare più vegetali, in particolare frutta e verdura, ci garantisce protezione dalle più importanti malattie: infezioni, malattie cronico-degenerative e tumori, in virtù della presenza di composti bioattivi, vitamine, sali minerali e della fibra.

PERCHÉ LA FIBRA È COSÌ IMPORTANTE

Per fibra si intende quella frazione di vegetali non digeribili dal nostro apparato digerente, formata essenzialmente da cellulosa ma anche da molti altri tipi di composti vegetali, come pectine, mucillaggini, inulina. Il ruolo della fibra è essenzialmente la sua capacità di trattenere l'acqua, che determina una serie di vantaggi: aumento della sazietà, aumento della velocità del transito intestinale, ma soprattutto offre il grande vantaggio di ridurre il contatto tra i componenti del materiale in transito e la parete intestinale, riducendone l'assorbimento. Ciò significa da una parte un minor assorbimento di macronutrienti quali zuccheri e grassi, e dall'altra di sostanze dannose (tossine), con conseguente azione disintossicante e anticancerogena. Gli effetti benefici sulla salute sono molteplici: contribuisce al mantenimento dei livelli ottimali di glicemia, riduce il colesterolo totale, previene i tumori al colon-retto, il diabete, le malattie cardiovascolari.

Ricordiamo che alcuni componenti della fibra garantiscono la crescita di alcuni microrganismi intestinali con effetto protettivo, selezionando i "batteri buoni". Le *Linee guida per una sana alimentazione* consigliano il consumo quotidiano di fibra di almeno venticinque grammi, che corrisponde al consumo di vegetali come indicato nella Piramide Alimentare.

Esiste una dieta universale?

Una commissione della prestigiosa rivista scientifica Lancet, finanziata dal think tank Eat della fondazione norvegese Stordalen, ha effettuato uno studio con l'obiettivo di trovare una dieta universale, basata su criteri scientifici, che rispetti l'ambiente e che possa nutrire tutta la popolazione terrestre evitando oltre undici milioni di morti l'anno dovuti a malattie legate a un'alimentazione malsana e, al contempo, nutrire i dieci miliardi di persone.

La commissione Eat-Lancet, composta da oltre trenta scienziati provenienti da tutto il mondo e da tutti i campi, ha dunque messo a punto, in due anni di studi, una dieta giornaliera buona per la salute e per l'ambiente.

Come è costituito questo modello?

È un'alimentazione varia, basata principalmente sul consumo dei vegetali, ma che contempla anche il consumo, moderato, di carne e pesce. La base di partenza è la dieta mediterranea, con una riduzione però delle uova, dei prodotti caseari, della carne e del pesce. La maggior parte delle proteine, secondo questa dieta, sono da assumere attraverso le noci e i legumi. E per finire questa dieta è quasi del tutto senza zucchero.

Dieta vegetale e ferro

Per quanto riguarda il ferro, una dieta 100 per cento vegetale e variata ne fornisce quantità adeguate, come dimostrano numerosi studi.

Il ferro degli alimenti è presente in due forme: il ferro *eme*, più facilmente assorbito, presente nelle carni, e il ferro *non-eme*, presente in abbondanza nei legumi, molto più sensibile sia alle sostanze con cui viene a contatto durante l'ingestione che alle pratiche di preparazione degli alimenti.

Per esempio, tè, alcune tisane, caffè, cacao, alcune spezie, fibre, latte e derivati, cereali integrali ricchi di fitati possono inibirne l'assorbimento. La vitamina C, presente nella frutta e nella verdura, al contrario, migliora l'assorbimento del ferro *non-eme*; perciò, abbinare i legumi agli agrumi favorisce l'assorbimento del ferro. Anche la germogliazione dei legumi, la fermentazione dei vegetali, l'ammollo o la precottura possono favorire l'assorbimento del ferro *non-eme*.

La vitamina C è presente, oltre che negli agrumi, in frutta e verdura fresche e crude: kiwi, frutti di bosco, meloni, ananas, peperoni, pomodori, peperoncino, cavoli. Per questo, se siamo in carenza di ferro, è opportuno consumare legumi o verdure a foglia verde con un po' di limone, dei pomodori o del peperoncino, oppure bere una spremuta d'arancia o dell'acqua con del limone spremuto durante i pasti. Se i legumi vengono cotti con del limone, si favorisce l'assorbimento del ferro in essi contenuto.

Dieta vegetale e calcio

Il calcio si trova senza dubbio in latte e latticini, ma anche nei vegetali, soprattutto nei cavolfiori e in tutti i tipi di cavolo, nelle verdure a foglia (eccetto spinaci e bieta), nelle mandorle, nei semi di sesamo, nei cereali integrali, nei legumi. Le fonti migliori di calcio restano comunque i prodotti lattiero-caseari poiché in questi alimenti il calcio è totalmente biodisponibile ed è presente insieme al fosforo in proporzione ottimale.

Non va inoltre sottovalutato l'apporto di calcio che ci può arrivare dall'acqua. Il calcio dell'organismo è depositato nello scheletro, ed è responsabile della sua solidità. L'osso costituisce la "riserva" del calcio dell'organismo, da cui questo minerale viene continuamente mobilizzato per tutte le altre funzioni alle quali partecipa: importante soprattutto la contrazione muscolare, compresa quella cardiaca. Il calcio si trova in grande quantità nei latticini, così che i latto-ovo-vegetariani ne assumono quantità sufficienti. Diversi studi condotti sui vegani non hanno rivelato la presenza di patologia da carenza, anche se l'assunzione media di calcio nella dieta vegana si colloca al di sotto della dose giornaliera raccomandata.

Dieta vegetale e zinco

Lo zinco è un minerale presente soprattutto negli alimenti di origine animale, nei quali oltretutto è decisamente più biodisponibile; per questo motivo è fondamentale, per i vegani, integrarne l'assunzione.

La vitamina B12 va davvero integrata? Sì, in una dieta vegana va assunta la vitamina B12 prodotta dai batteri.

Non esistono alimenti vegetali che la contengano; alcune alghe, il lievito di birra, alcuni alimenti di origine orientale come il tempeh (derivato dai semi di soia) e la kombucha (tè cinese) contengono vitamina B12 ma in proporzioni infinitesimali, inutili per il fabbisogno umano, dal momento che non risultano assimilabili dal nostro organismo.

Si trova invece nella carne, nel pesce, nel latte e nelle uova, ma in quantità molto piccole e oltretutto il suo assorbimento è del 60 per cento per la carne e per il latte, del 30-40 per cento per i prodotti della pesca e, secondo alcuni studi, meno del 10 per cento per le uova. Inoltre, con la cottura si perde circa un terzo della vitamina.

Per questo, in alcuni casi, anche gli onnivori o i latto-ovo vegetariani potrebbero necessitare di un'integrazione, anche a causa di malassorbimento o di insufficiente apporto con la dieta.

Un'ultima cosa: i bambini e le donne in età fertile, soprattutto durante la gravidanza e l'allattamento, devono avere particolare attenzione alla loro alimentazione per evitare carenze: è da preferire, in questi casi, una dieta onnivora.

Le fonti vegetali di proteine: i cibi vegetali contengono tutti gli aminoacidi essenziali di cui il nostro organismo necessita.

La carne viene assunta principalmente per le proteine, che sono componenti indispensabili del nostro organismo. Le proteine sono macronutrienti da assumere ogni giorno, a ogni pasto, e sono costitute da mattoncini chiamati "aminoacidi". Tra questi esistono quelli "essenziali", che il nostro organismo non può sintetizzare e che è quindi necessario introdurre con la dieta, e gli aminoacidi "non essenziali", che invece riusciamo a costruire in autonomia.

Nella carne e nei prodotti animali in genere sono presenti tutti gli aminoacidi essenziali, e da questo deriva la loro importanza. Tuttavia, anche nel regno vegetale sono presenti tutti gli aminoacidi, la differenza è che non si trovano tutti insieme nello stesso alimento, come avviene invece nei prodotti animali. E questo è facilmente comprensibile, gli animali sono costituiti da muscolo e grasso, esattamente come noi. I vegetali invece, appartenenti a un regno diverso, posseggono tutto quanto a noi necessario solo se introdotti in una certa maniera. I cereali, per esempio, contengono alcuni tipi di aminoacidi essenziali, e i legumi altri tipi, cosicché se noi li assumiamo nello stesso pasto, gli aminoacidi introdotti si sommano e si completano, e una volta giunti nelle nostre cellule, possono unirsi e formare le proteine "nobili" che servono al nostro organismo. Facile, no? Riso e lenticchie, pasta e fagioli, farro e ceci sono degli ottimi esempi di come questo sia possibile.

La carne può rimanere nella nostra alimentazione come cibo occasionale o comunque con bassa frequenza.

Ricordiamo che le *Linee guida per una sana alimentazione* prevedono una dieta basata prevalentemente sui cibi vegetali, che devono costituire almeno l'80 per cento dei cibi consumati, anche in una dieta onnivora.

PER CHI VUOLE APPROFONDIRE

Nella scienza della nutrizione, per aminoacido limitante o fattore limitante di un alimento si intende l'aminoacido essenziale che in quell'alimento scarseggia. In particolare, lisina, metionina e istidina sono quelli più frequentemente carenti nella nutrizione.

I processi di sintesi proteica avvengono solo se nelle nostre cellule sono disponibili tutti gli aminoacidi essenziali. Tali processi possono dunque essere impediti a causa della carenza anche di un singolo aminoacido essenziale; il fattore limitante rappresenta quindi quell'aminoacido essenziale meno presente che, di conseguenza, impedisce l'utilizzo ottimale degli altri aminoacidi per la sintesi proteica.

I cereali sono carenti di triptofano e lisina, i legumi, sono invece carenti di aminoacidi solforati (metionina e cisteina). Abbinandoli correttamente tra loro (60 per cento di legumi e 40 per cento di cereali) si può compensare la carenza dei vari aminoacidi limitanti. Ricordiamo che le proteine, quando vengono digerite, sono scomposte nei loro componenti, gli aminoacidi, che poi, una volta entrati in circolo e raggiunte le cellule che li dovranno usare, si ricompongono tra loro per ritrasformarsi in proteine. Qualsiasi sia quindi la loro provenienza, vegetale o animale, il corpo vede solo i "mattoncini" necessari per formare ciò di cui ha bisogno, le proteine, appunto.

Step by step verso una dieta più sostenibile

Adesso che vi siete fatti un'idea del perché passare a una dieta sostenibile e quali sono gli alimenti più indicati, cominciamo a organizzarci e inseriamo un piccolo miglioramento alla volta.

È importante che ognuno lo faccia secondo le proprie esigenze e tenendo in considerazione il proprio punto di partenza.

Come abbiamo visto, il concetto chiave è quello di aumentare il nostro consumo di vegetali o, se questo è già alto, di abbinare gli alimenti correttamente per ottimizzare la copertura di nutrienti.

La cosa importante è farlo senza stressare il proprio apparato digerente, perciò con gradualità, un passo per volta.

Transizione dietetica di un carnivoro

Per chi ha una dieta sostanzialmente carnivora, il primo step può essere quello di sostituire, nella prima settimana, una porzione di carne o di salumi con una porzione di pesce. Un filetto di pesce da pesca sostenibile avvolto in un cartoccio di carta forno, al naturale o con eventuale aggiunta di aromi, e cotto in forno quindici minuti, è estremamente semplice e alla portata di tutti.

Secondo step: sostituire, nella seconda settimana, una porzione di carne o di formaggio con un piatto di lenticchie.

Terzo step: provare, nella terza settimana, al posto della carne con patate fritte, l'humus con le patate lesse, o le polpette di ceci (falafel) con una bella insalata e una fetta di pane integrale.

Quarto step: fare una valutazione su come sono state le proprie reazioni:

- È stato facile organizzarmi per reperire gli ingredienti e per cucinare?
- I nuovi piatti mi hanno saziato, mi hanno soddisfatto?
- Il mio apparato digerente si è adattato?
- Penso di poter replicare uno dei piatti sperimentati per consumarlo due volte alla settimana?

Se le risposte sono affermative posso organizzarmi e arrivare gradualmente alla mia personale transizione Diet-Etica.

Transizione dietetica per chi non riesce a rinunciare alla pasta

Per i fedelissimi della pasta, o comunque del tradizionale "primo piatto", il consiglio è di utilizzare la pasta di legumi, con gli stessi condimenti e spezie di sempre, per abituare gusto e intestino a nuove sostanze.

Oppure si può consumare la pasta con il classico ragù inserendo una maggior quantità di verdure, per poi diminuire a poco a poco il contenuto di carne e aumentare quello dei vegetali.

Si può anche prendere una ricetta con pasta e verdure della tradizione, dimezzare la pasta e raddoppiare le verdure, ad esempio nelle famose trofie con fagiolini, patate e pesto, si possono dimezzare le patate e le trofie e raddoppiare i fagiolini. Con lo stesso criterio si procede per esempio con la pasta alla norma siciliana, preparata con melanzane, pomodori e ricotta, o coi pizzoccheri della Valtellina, e infine con le orecchiette pugliesi, preparate con le cime di rapa.

Lo stesso criterio può essere adottato per i risotti: per esempio nei risotti con zucca o asparagi o carciofi o radicchio, si aumenta notevolmente la quota dei vegetali e si riduce quella di riso.

Transizione dietetica per i single

Abbiamo visto quanto sia importante l'aspetto della convivialità e della lentezza durante i pasti. Condividere i pasti, facendo delle interruzioni, aiuta a raggiungere il senso di sazietà senza aver riempito del tutto lo stomaco. Ma come fare quando si è soli?

Spesso si mangia rapidamente, senza attenzione per quello che si sta introducendo, e troppe volte si tratta di cibi processati e poco salutari. La conseguenza è quella di avere il frigorifero e la dispensa vuoti, e di ricorrere troppo spesso al "delivery".

Per poter dare inizio al cambiamento si può cominciare con una corretta lista della spesa, per avere a disposizione cibi salutari e duraturi, evitando gli sprechi. Ad esempio, si può scegliere una o al massimo due tra le seguenti verdure, in base alla stagionalità: insalata tipo scarola o radicchio, cavolo cappuccio, cavolfiore e broccoli, pomodori, melanzane e zucchine.

Tenere in casa la base per poter cucinare, come carote, sedano, cipolla, aglio, spezie ed erbe aromatiche di proprio gradimento.

Per quanto riguarda la frutta preferire arance e mele, che hanno una buona durata, oppure pesche e prugne d'estate.

Come fonti proteiche animali vanno bene uova, ricotta monoporzione, yogurt greco, pesce surgelato o pesce conservato.

In dispensa non devono mancare: riso e pasta (anche di legumi), legumi in vasetto di vetro (o secchi).

L'incremento della quota proteica vegetale può essere realizzato mediante l'aumento di frutta a guscio, spesso dimenticata dai più. Le *Linee guida per una sana alimentazione* ne raccomandano il consumo di almeno trenta grammi al giorno. Come fare? Aggiungiamo noci o mandorle all'insalata, granella di pistacchi a un risotto alla zucca, oppure introduciamo i semi di zucca o di girasole nelle verdure cotte al vapore, o ancora semi di sesamo per dare croccantezza alle polpette di legumi.

La frutta a guscio: le specificità in macro e micro nutrienti

		Pistacchi	*Anacardi*	*Noci*	*Mandorle*	*Nocciole*
Grassi	g	46	43,8	65.2	49,9	60,8
Carboidrati	g	17	30,2	13,7	21,6	16,7
Proteine	g	25	18,2	15,2	21,2	15
Fibre	g	10	3,3	6,7	12,5	9,7
Calcio	mg	105	37	98	269	114
Potassio	mg	1010	660	441	733	680
Ferro	mg	3,92	6,7	2,9	3,71	4,7

PERCHÉ LA FRUTTA A GUSCIO È COSÌ IMPORTANTE

È un'ottima fonte di proteine (di buona qualità).
È un'importante fonte di omega-3 (quindi antiossidanti e protettivi per il cuore e il cervello).
È un'eccellente fonte di composti bioattivi (fondamentali per il corretto funzionamento cellulare).

E tu, che consumatore sei?

Il cibo parla di noi in molti modi.

Studi svolti sulle scelte alimentari dei consumatori hanno evidenziato che scelta e consumo degli alimenti sono condizionati da abitudini e stili di vita, non sempre corretti, i quali a loro volta ci raccontano di noi dal punto di vista di cosa e come mangiamo.

Alcune delle tipologie più comuni di consumatori, ottenute dal rapporto del CENSIS 2014 sui consumi alimentari degli italiani, evidenziano scelte soggettive e mutevoli.

Quale di questi identikit ti rappresenta?

Lo scrupoloso: questa categoria si caratterizza per l'attenzione alla qualità, alla sicurezza e all'origine del cibo consumato. Il 79 per cento degli italiani si dichiara desideroso di consumare solo frutta e verdura di origine italiana, di acquistare prodotti DOP, IGP e prodotti biologici. Al vaglio delle scelte alimentari dello scrupoloso c'è anche l'impatto eco-sociale dei prodotti che acquista.

Il consapevole: come per lo scrupoloso, anche questa è una tipologia in crescita. Il 36,8 per cento degli italiani denota sensibilità verso l'importanza di adottare abitudini sane, benché non sempre riesca a mettere ciò in pratica.

Il pratico: riflette la tendenza a prediligere le opportunità offerte dal canale della grande distribuzione, con preferenza per cibi surgelati (scelta preferita dal 69,6 per cento delle famiglie italiane) e precotti o già pronti, a discapito dei prodotti freschi.

Il fuori casa: identifica una categoria ampia, che include sia chi per necessità mangia in mensa o al bar anche quotidianamente, sia coloro che sono soliti mangiare fuori casa almeno una volta alla settimana (l'80,7 per cento degli italiani adulti e il 93 per cento dei giovani).

Il teledipendente: diffusa soprattutto tra bambini e ragazzi, questa categoria raccoglie anche moltissimi adulti, condizionati pesantemente dal bombardamento pubblicitario di media, web e televisione. Spesso consuma i pasti stessi davanti a schermi televisivi e computer.

Lo sregolato: per questa tipologia la giornata è completamente destrutturata rispetto al consumo dei pasti, il ritmo è frantumato: si mangia senza regola qualunque cosa a qualsiasi ora.

Il consumatore 4.0: nuova categoria, il consumatore 4.0 è il consumatore odierno, nella maggior parte dei casi riconducibile ai "millennial".

I millennial possono essere definiti come tutti coloro che hanno idee, valori e attitudini che si sono formati in questo millennio; costituiscono dunque un gruppo caratterizzato non solo anagraficamente, ma anche per condizioni economiche, sociali e preferenze nei consumi. Il consumatore 4.0 è informato e consapevole, è alla ricerca del connubio perfetto tra salute e piacere, tra innovazione e tradizione; acquista prodotti certificati, ma non si accontenta del bollino, cerca di sapere, di poter valutare con le proprie conoscenze. La qualità viene percepita anche come sicurezza alimentare (qualità igienica), come appartenenza a una zona (chilometro zero, certificazioni DOP e DOC), come rispetto del territorio e delle popolazioni (qualità etica), come contenuto salutistico (super food, ricco di..., prebiotico e così via).

Il consumatore 4.0 ha sviluppato da una parte un piacere sociale legato al cibo, alla convivialità, all'attenzione, ma dall'altra mostra una estrema facilità negli acquisti online, con i "delivery" dell'ultimo minuto.

In realtà nessuno di noi rispecchia solo ed esclusivamente uno di questi profili, piuttosto è un insieme mutevole di abitudini che afferiscono a più modelli contemporaneamente a seconda delle possibilità e delle variabili che giorno per giorno possono influire sulle nostre scelte quotidiane. Per questo la consapevolezza circa i fattori che rendono l'atto alimentare così importante per il nostro benessere e il bene dell'ambiente diventa una bussola importantissima da portare sempre con sé.

La nuova cultura alimentare è una sintesi di edonismo e salutismo, di conoscenza e disattenzione, di tradizione e di globalizzazione. È da qui che partiamo per il nostro cambiamento.

Le ricette e i nostri commenti

Abbiamo pensato ad alcune idee per poter preparare comodamente in casa delle semplici ma gustose ricette che vi possano aiutare nella transizione Diet-Etica con spunti creativi per potervi facilitare nel passaggio a una scelta più vegetale.

Le ricette antispreco

BRODO VEGETALE ANTISPRECO

Ingredienti

Avanzi di verdure (es. scarti di finocchi, foglie di sedano, foglie di cavolo nero, gambi di porri e di broccoli, bucce di patate)

Aromi a piacere (es. rosmarino, alloro, chiodi di garofano), sale, pepe

Procedimento

Radunate tutti gi avanzi di verdure. Lavateli e immergeteli in una pentola di acqua fredda aggiungendo qualche chiodo di garofano, foglie di alloro, sale, pepe e gli altri aromi a disposizione.

Cuocete per un'ora.

Commenti delle nutrizioniste

Fare attenzione a non esagerare con verdure dal sapore deciso che si potrebbero imporre sul brodo, come i carciofi, i finocchi o la verza.

Ottimo da usare nella preparazione di risotti e zuppe. Non occorre consumarlo subito, si può congelare e servirsene all'occorrenza.

PAPPA AL POMODORO

Ingredienti

Pomodori maturi, a pezzetti
Pane raffermo, a pezzetti
Brodo vegetale
Sale, pepe, aglio, olio extravergine d'oliva, basilico, parmigiano grattugiato

Procedimento

In un tegame con un filo d'olio e l'aglio mettete i pezzetti di pomodoro e fate cuocere con coperchio per 5 minuti. Quindi aggiungete il pane raffermo precedentemente ammorbido con il brodo caldo. Fate in modo che il pane si sfaldi nel tegame con il pomodoro. Servite con una spruzzata di parmigiano e un giro di olio extravergine d'oliva a crudo.

La versione a crudo di questa ricetta toscana è la panzanella: pane secco bagnato con acqua e aceto, strizzato e condito con olio extravergine d'oliva, pomodori, cetrioli, cipolla, basilico, olive. Si può accompagnare con un formaggio fresco come il quartirolo o la feta.

Commenti delle nutrizioniste

Utili per riciclare il pane, la pappa al pomodoro e la panzanella (accompagnata dal formaggio fresco) sono due piatti unici ricchi di energia e molto digeribili. Il pomodoro presente nelle due ricette contiene una notevole quantità di una sostanza antitumorale (il licopene) che esercita un'azione preventiva per il tumore al colon-retto e alla prostata.

TORTA DI PANE E FRUTTA

Ingredienti (x 6 persone)

800 g di frutta fresca mista
400 g di latte
150 g di pane raffermo
50 g di noci o mandorle
1 uovo
4 cucchiai di zucchero semolato
4 cucchiai di farina bianca
scorza di limone grattugiata

Procedimento

Tagliate a dadini il pane e mettetelo in una ciotola, coprendolo con il latte freddo. Quando il pane avrà assorbito il latte, aggiungete 4 cucchiaiate di farina, una eguale quantità di zucchero, l'uovo intero e la buccia grattugiata di un limone non trattato. Unite per ultime le noci o le mandorle tritate, poi mescolate per avere un composto omogeneo.

Rivestite una teglia di carta da forno poi riempitela con l'impasto. Cuocete a 190° per circa 50 minuti. Servite il dolce caldo.

Commenti delle nutrizioniste

Questa torta antispreco permette di usare alcuni tra gli ingredienti più sprecati: il pane secco, il latte, la frutta.

L'aquafaba: che cos'è?

Non è altro che l'acqua di cottura o di conservazione dei ceci che, una volta montata, assume l'aspetto e la consistenza degli albumi o della panna montata a neve. In alternativa all'acqua dei ceci si può utilizzare l'acqua di governo dei fagioli bianchi, rossi e neri.

Noi consigliamo di usare l'acqua di governo dei ceci già pronti e conservati in vetro perché molto ricca di saponine e proteine.

L'aquafaba deve essere fredda e va montata con una frusta elettrica per almeno 10 minuti per ottenere una consistenza compatta. Se volete utilizzarla al posto delle uova in una ricetta dolce o salata considerate 3 cucchiai di aquafaba in alternativa a ogni uovo. Essendo un addensante otterrete più o meno la stessa consistenza, oltre che impasti molto morbidi e più digeribili. L'aquafaba poi non ha sapore e quindi può essere aggiunta un po' ovunque.

Ecco alcune idee.

LA MAIONESE VEG

Ingredienti e procedimento

Per preparare questa maionese delicatissima montate 100 ml di aquafaba con 250 ml di olio di semi aggiungendolo a filo lentamente. Potete dare un tocco di sapore in più con del succo di limone e un cucchiaio di senape.

MOUSSE DOLCE O SALATA

Ingredienti e procedimento

Con l'aquafaba montata a neve potete preparare delle deliziose mousse sia dolci che salate.

Aggiungete per esempio un cucchiaio di crema di nocciole o di crema al pistacchio per la versione dolce, e del tonno, del salmone o del prosciutto cotto frullati per la versione salata e per farcire crostini e tartine.

PANCAKES SALATI CON ZUCCHINE (e aquafaba)

Ingredienti (per 6-7 pancakes)

2 zucchine grattugiate
150 g di latte vaccino o di soia (non zuccherato)
120 g di farina + 30 g di farina di ceci o mais
50 g di aquafaba
Una puntina di lievito per torte salate, 1 cucchiaio di olio d'oliva

Procedimento

Mettete in una terrina le farine, il lievito, le zucchine, l'olio, il latte e l'aquafaba montata a neve non fermissima. Mescolate delicatamente il composto con una spatola per non farlo smontare.

Prendete con un cucchiaio del composto e mettetelo su una padella calda e leggermente oliata. Quando compaiono le bollicine sulla superficie girate i pancake e cuoceteli per pochi minuti.

FRITTATA DI CARCIOFI (E AQUAFABA)

Ingredienti

100 g di farina di ceci
75 ml di acqua
4 carciofi
1 scalogno
4 cucchiai di aquafaba
1 cucchiaino di curcuma in polvere

Procedimento

Cuocete i carciofi tagliati a spicchi in una padella con un po' d'olio e lo scalogno. Nel frattempo, preparate un composto fatto con la farina di ceci, l'acqua, un cucchiaino di curcuma e un pizzico di sale mescolando con una frusta. Unite alla pastella l'aquafaba amalgamando molto delicatamente per non farla smontare. Versate quindi il composto nella padella coi carciofi, mescolate velocemente, livellate, e coprite con un coperchio. Cuocete la frittata a fiamma bassa, su entrambi i lati.

Commenti delle nutrizioniste

Potete gustarla calda o fredda e provate a sostituire i carciofi con asparagi, zucchine, piselli o le verdure che preferite.

L'aquafaba è una soluzione composta da carboidrati, proteine e micronutrienti che, durante la cottura, passano dai legumi all'acqua. L'esatta composizione nutrizionale dipende dal tipo di legume usato per prepararla.

Le ricette delle cinque zone blu

Abbiamo visto come le cinque zone blu del mondo abbiano in comune un'alimentazione prevalentemente a base vegetale: carne, pollame e pesce rappresentano il 6 per cento o meno della loro assunzione alimentare complessiva.

Vi proponiamo quindi alcune interpretazioni di ricette, basate sulle loro abitudini.

ZUPPA MEDITERRANEA DI LENTICCHIE ROSSE AL POMODORO (Icaria, Grecia)

Ingredienti

Lenticchie rosse secche, brodo vegetale

Pomodoro a cubetti (anche in scatola)

Un pizzico di cumino e uno di coriandolo, 2 spicchi tritati di aglio, un pezzetto di cipolla, olio extravergine d'oliva, succo di limone

Procedimento

Mettete le lenticchie in una padella con olio, aglio, cipolla e spezie, il brodo vegetale e i pomodori a cubetti. Portate a bollore, quindi abbassate la fiamma e lasciate sobbollire per circa 20 minuti, o comunque fino a cottura delle lenticchie. Incorporate il succo di limone e condite con sale e pepe a piacere.

Commenti delle nutrizioniste

Si può accompagnare col pane o con la pasta per ottenere un piatto unico bilanciato. In alternativa, senza pane o pasta, è adatto ai celiaci.

HAMBURGER VEGETARIANO DI QUINOA, FAGIOLI NERI E NOCI (Loma Linda, California)

Ingredienti

Ceci cotti (anche in scatola, mezza); fagioli neri cotti (50 g a persona); quinoa cotta (50 g a persona)
Passata di pomodoro, 1 uovo, noci
1 punta di cucchiaio di cumino, 1 punta di cucchiaio di paprika affumicata, 1 cucchiaino di coriandolo
2 spicchi tritati di aglio, un pezzetto di cipolla, olio extravergine d'oliva, succo di limone

Procedimento

Mettete i ceci e metà dei fagioli in una padella con olio, aglio, cipolla e passata di pomodori. Salate e pepate. Aggiungete le noci e l'altra metà dei fagioli neri, e cuocete per circa 5 minuti. Fate raffreddare prima di mettere il tutto in un mixer, con metà della quinoa cotta e un uovo (per i vegani, raddoppiare la dose di ceci). Con questo impasto formate degli hamburger. Con la quinoa cotta rimanente fate una panatura a ogni hamburger. Trasferite gli hamburger panati su un piatto rivestito con carta da forno e fate raffreddare in frigorifero per 20 minuti, infine mettete in forno preriscaldato a 190 °C, per circa 15 minuti.

Commenti delle nutrizioniste

Per ottimizzare l'assorbimento del ferro presente negli hamburger, consumare con contorno di insalata e pomodori oppure con dei friarielli ripassati in padella con aglio, olio, peperoncino e con l'aggiunta finale di limone. Adatto ai celiaci.

IL MINESTRONE DELLA LONGEVITÀ (Ogliastra, Sardegna)

Ingredienti

Fave secche (30 g a persona)
Fagioli secchi (30 g a persona)
Ceci (30 g a persona)
Fregula sarda (60 g a persona)
Mezza scatola di pomodori pelati
1 patata media,
1 finocchio
Sale, pepe, aglio, sedano, cipolla, carota, olio extravergine d'oliva, prezzemolo, basilico

Procedimento

Mettete in ammollo i legumi per almeno 12 ore. Fate un leggero soffritto con cipolla, sedano, carota e poi aggiungete l'aglio, le patate, i pomodori, i finocchi e le erbe aromatiche tritate. Aggiungete ora i legumi, coprite con acqua e portate a bollore. Lasciate cuocere per mezz'ora col coperchio. A questo punto aggiungete la fregula sarda e lasciate cuocere per altri 10 minuti.

Commenti delle nutrizioniste

La fregula è fatta con pasta di semola tostata. La tostatura le conferisce naturalmente un sapore di nocciola. Per velocizzare la preparazione, la fregula può essere sostituita con il couscous.

RISO E FAGIOLI (Nicoya, Costa Rica)

Ingredienti

Riso bianco (30 g a persona, da crudo)
Fagioli neri o rossi cotti (50 g a persona)
Peperone rosso, tritato finemente
Peperone giallo, tritato finemente
2 spicchi di aglio, olio extravergine d'oliva, cipolla tagliata fine
Sale, pepe, cumino, coriandolo fresco tritato

Procedimento

In una padella mettete olio, cipolla, aglio e peperoni. Cuocete per 5 minuti. Aggiungete quindi i fagioli cotti con il loro liquido, il sale, il cumino. Intanto cuocete il riso. Aggiungete il riso cotto e mescolate bene. Servite guarnendo con coriandolo fresco tritato.

Commenti delle nutrizioniste

Piatto unico privo di glutine, adatto ai celiaci.

TOFU SALTATO IN PADELLA (Okinawa, Giappone)

Ingredienti

Tofu tagliato a cubetti o fettine

Pangrattato, farina o fecola per la panatura

Salsa di soia

2 cucchiai di mirin (o sake, o aceto di mele, o brodo vegetale)

Alga kombu, cipollotto, olio, sale, pepe, zenzero

Procedimento

Per la salsa: In un pentolino mettete il mirin, la salsa di soia e l'alga kombu, e portate a bollore.

Per il tofu: in una padella mettete olio, cipollotto tritato finemente e tofu (precedentemente impanato). Salate e pepate a piacere.

Quando tutto il tofu sarà ben dorato, toglietelo dal fuoco e trasferitelo in un piatto da portata. Irroratelo con la salsa preparata in precedenza e profumate con una grattugiata di zenzero fresco. Completate con gli anelli di cipollotto, crudi o cotti in padella, a piacere.

Commenti delle nutrizioniste

Il tofu si ottiene dalla soia, legume ricchissimo di proteine e di grassi salutari. È l'alimento vegetale con la composizione in assoluto più simile alla carne ma senza grassi saturi.

FILETTI DI BRANZINO O LAMPUGA ALLA MEDITERRANEA

Ingredienti

Filetti di pesce
Pomodorini a grappolo
Capperi, olive nere
Sale, pepe, olio extravergine d'oliva, aglio, prezzemolo

Procedimento

In una padella con un po' di olio extravergine d'oliva mettete aglio, olive, capperi, e i pomodorini a pezzetti. Fate appassire per qualche minuto, quindi aggiustate con sale e pepe. Unite i filetti di pesce e fate cuocere col coperchio da entrambi i lati per qualche minuto. Servite con prezzemolo fresco.

Commenti delle nutrizioniste

Per renderlo un piatto unico, si può accompagnare con del pane integrale o di segale e con della verdura cotta, ad esempio del cavolo romano cotto al vapore.

PALAMITA IN TARTARE

Ingredienti

Palamita tritata in un battuto fine
Zenzero tritato in pezzetti fini
Zucchine o melanzane in padella
Sale, cipolla, timo, olio extravergine d'oliva, semi di papavero

Procedimento

In una terrina mettete la tartare di pesce con olio, succo di limone, sale, cipolla tagliata fine, zenzero e timo.

Commenti delle nutrizioniste

Impiattare usando un coppapasta, sovrapponendo strati di tartare a strati di zucchine o melanzane in padella. Gustare con un'insalata mista condita con olio, sale e semi di papavero. Accompagnare col pane.

LAMPUGA AL VAPORE

Ingredienti

Filetti di lampuga cotti al vapore

Prezzemolo, olio, aglio, sale, limone, un pizzico di peperoncino

Procedimento

Per la salsa: frullare il prezzemolo con l'aglio, l'olio, il succo di limone (non troppo), un pizzico di peperoncino e il sale.

Commenti delle nutrizioniste

Per rendere questo un piatto bilanciato e completo basterà aggiungere una porzione di verdure, come dei finocchi crudi in insalata, e qualche fettina di pane.

PAGELLO AL FORNO

Ingredienti

Pagello, patate viola, pomodorini

Sale, cipolla, timo, olio extravergine d'oliva, vino bianco

Procedimento

In una pirofila con un po' di olio mettete tutti gli ingredienti, il pagello a filetti o intero, le patate a pezzi o a fettine, secondo i gusti. Basta una mezz'oretta al forno per essere pronto.

Commenti delle nutrizioniste

Ricetta facilissima e veloce, ma molto nutriente, gustosa e completa.

PASTA CON AGUGLIE AL FORNO

Ingredienti

Aguglie, formato di pasta a piacere (es. rigatoni)

Pangrattato, sale, pepe, aglio a pezzettini, olio extravergine d'oliva, limone, prezzemolo

Procedimento

Preparate la salsina con cui riempire le aguglie: in una ciotola mettete un po' d'olio, il pangrattato, il sale, il pepe, l'aglio, il prezzemolo. Sistemate le aguglie su una teglia con carta da forno, e conditele con un filo d'olio. Cuocete in forno preriscaldato a 180 °C per 20 minuti. Cuocete la pasta e condite con le aguglie cotte al forno, tritate grossolanamente.

Commenti delle nutrizioniste

Il 70 per cento del pesce è parte edibile perciò si mangia anche la parte che contiene minerali come calcio, iodio, fosforo e ferro.

I Novel Food

I **germogli di bambù precotti** si possono tagliare a pezzetti e aggiungere all'ultimo nelle varie preparazioni (semplicemente lavati o saltati pochi minuti in padella), ad esempio sulla pizza, nelle insalatone, nel sugo di una pasta calda o fredda, nelle zuppe.

Riscaldati in una padella o in una wok, con un po' d'olio e aromi a piacere, si possono gustare da soli o insieme ad altre verdure.

Il loro sapore è relativamente neutro e delicato, con delle leggere somiglianze a quello delle patate, dei carciofi, degli asparagi e del mais dolce.

Le loro proprietà nutrizionali sono molteplici: antiossidanti e antibatterici, sono ricchi di proteine, sali minerali e vitamine, nonché di fitocomposti come l'acido folico.

Ricchi di antiossidanti, antinfiammatori e sali minerali, i **cactus (foglie o pale di fico d'India)** possono essere cucinati in vari modi: grigliati, sottaceto, oppure in insalata.

Le foglie da privilegiare sono quelle di colore verde brillante, perché più giovani e tenere.

È necessario indossare i guanti e rimuovere le spine, usando un coltello o un pelapatate. Quindi si tagliano a pezzetti e si fanno bollire in acqua con un po' di aceto di mele per facilitare la fuoriuscita del gel in esse contenuto. Devono bollire per circa 30 minuti, fino a quando non hanno la consistenza dei fagiolini.

In Messico le pale di fico d'India sono molto comuni, vengono chiamate *nopalitos* perché per prepararle occorre togliere loro le spine (*no palitos* vuol dire infatti senza spine) e vengono vendute comunemente nei mercati.

PARMIGIANA DI PALETTE DI FICO D'INDIA

Ricetta tipica dell'isola di Ponza, certificata PAT (Prodotto Agroalimentare Tradizionale), questa preparazione è nata originariamente come piatto di sostentamento per le famiglie del luogo quando non arrivavano i rifornimenti dalla terraferma. La preparazione è simile a quella fatta con le classiche melanzane. Alle pale piccole e tenere vengono tolte le spine ma viene lasciata loro la buccia, poi vengono pastellate e fritte, in seguito disposte a strati in una teglia con salsa di pomodoro, basilico, mozzarella e parmigiano e infine, infornate.

TORTA SALATA CON ZUCCHINE

Ingredienti	*Alternativa vegana*
Zucchine precedentemente cotte in padella	Zucchine precedentemente cotte in padella
Ricotta	Tofu morbido*
Parmigiano	Lievito alimentare in scaglie
Sale, pepe, olio evo	Sale, pepe, olio evo

Procedimento

Si può preparare con pasta brisé già pronta o fatta in casa con l'olio al posto del burro. Foderate una teglia con la pasta brisé e riempitela con tutti gli ingredienti ben mescolati. Cuocete in forno preriscaldato a 200 °C, per circa 20 minuti.

Commenti delle nutrizioniste

La pietanza è equilibrata in tutti i macronutrienti: carboidrati complessi, proteine e grassi (nella versione vegan dati dall'olio), e le verdure assicurano la quota di fibra, vitamine e sali minerali.

Ottima come piatto unico, può anche essere accompagnata da una insalata mista. Comoda anche da portare al lavoro, può essere preparata la sera e consumata fredda il giorno successivo.

* Il tofu morbido o vellutato ha una consistenza più tenera del classico tofu. Essendo più ricco di acqua a parità di peso, apporta una quantità di proteine minore, ma è interessante per la consistenza soffice che conferisce alle preparazioni.

PASTA DI LENTICCHIE CON CREMA DI CARCIOFI

Ingredienti

Penne di lenticchie rosse, carciofi

Sale, pepe, aglio, olio extravergine d'oliva, limone, prezzemolo

Procedimento

Cuocete i carciofi con olio, sale, pepe, prezzemolo, mezzo limone spremuto, un po' di acqua. Quando sono morbidi e dorati, metteteli in un frullatore e otterrete una crema, con cui condire le penne.

Commenti delle nutrizioniste

Dà la soddisfazione di un primo piatto, in realtà è nutriente come un secondo.

SFORMATO DI VERDURE

Ingredienti	*Alternativa vegana*
Verdure cotte a piacere (es. spinaci, coste, peperoni, zucca o avanzi di diverse verdure cotte)	Verdure cotte a piacere (es. spinaci, coste, peperoni, zucca o avanzi di diverse verdure cotte)
Besciamella	Besciamella vegana
Uova	Farina di ceci
Sale, pepe, noce moscata, formaggio grattugiato a piacere	Sale, pepe, noce moscata, lievito alimentare

Procedimento

Mescolate tutti gli ingredienti e infornate.

Commenti delle nutrizioniste

Una ricetta semplicissima, svuota-frigo, ma gustosa e nutriente.

PORRIDGE SALATO DI CAROTE E ZUCCA

Ingredienti	*Alternativa vegana*
Carote, zucca, cipolle	Carote, zucca, cipolle
Avena in fiocchi	Avena in fiocchi
Ricotta vaccina	Ricotta di soia
Semi di chia	Semi di chia
Sale, pepe, olio EVO, cipolla, noce moscata	Sale, pepe, olio EVO, cipolla, noce moscata

Procedimento

Cuocete in poca acqua le carote, le cipolle e la zucca. Frullate, aggiungete l'avena e continuate a cuocere fino ad avere la consistenza del porridge. Impiattate e guarnite con ricotta, semi di chia e olio extravergine di oliva. Servite ben caldo.

Commenti delle nutrizioniste

L'avena è un cereale ricco di carboidrati ma è anche una buona fonte di proteine e fibre, in particolare di betaglucani che aiutano a mantenere in salute cuore e arterie, oltre che a tenere sotto controllo la glicemia.

ZUPPA DI CECI E BIETOLE

Ingredienti

Bietole lavate e tagliate a pezzetti
Ceci già lessati
Brodo vegetale
Sale, pepe, peperoncino, olio extravergine d'oliva, cipolla, salvia e rosmarino

Procedimento

In una casseruola con un filo d'olio mettete i ceci e tutte le erbe aromatiche a crudo e fate insaporire per pochi minuti, quindi aggiungete la passata di pomodoro, aggiustate di sale e pepe. Aggiungete le foglie di bieta, coprite con un mestolo di brodo e cuocete con un coperchio per circa mezz'ora. Servite la zuppa calda con crostini di pane tostato.

Commenti delle nutrizioniste

Piatto unico completo, ricco di proteine (ceci), carboidrati (crostini di pane) e fibre (bietole). I ceci hanno ottimi livelli di folati e vitamine del gruppo B, e un buon contenuto di ferro, fosforo, magnesio e calcio. Le bietole sono ricche di ferro, calcio e vitamina K.

Le insalate

INSALATA DI CAVOLO E FETA (O TOFU)

Ingredienti	*Alternativa vegana*
Cavolo cappuccio viola tagliato finemente	Cavolo cappuccio tagliato finemente
Feta a quadrotti	Tofu affumicato a quadrotti
Noci in scaglie	Noci in scaglie
Limone, sale, olio EVO	Limone, sale, olio EVO

Commenti delle nutrizioniste

Il cavolo cappuccio è ricco di sostanze antiossidanti, tra cui gli antociani (da cui deriva il colore), e quindi antinfiammatorie. È inoltre una crucifera e come tale è un ortaggio antitumorale.

INSALATA DI PATATE E TACCOLE

Ingredienti

Patate bollite o al vapore, tagliate a pezzetti
Taccole al vapore o in padella antiaderente
Ravanelli a rondelle, cipolla rossa, qualche oliva
Limone, sale, olio EVO, prezzemolo (per condire)

Commenti delle nutrizioniste

Questa insalata è ricca di fibre, di carboidrati e diventa un piatto completo se accompagnata a del pesce al vapore.

INSALATA DI FUNGHI E RUCOLA

Ingredienti

Funghi crudi, a fettine
Rucola
Semi di zucca o di girasole, mandorle a scaglie
Limone, sale, olio EVO

Commenti delle nutrizioniste

I funghi contengono fibra e apportano anche una discreta quantità di proteine.

La rucola rientra tra le verdure ricche di calcio ben assimilabile, è ricca di fitocomposti antiossidanti. Semi di zucca, di girasole e mandorle sono particolarmente ricchi di minerali come ferro, zinco e calcio, di grassi polinsaturi "buoni" e di proteine.

INSALATA DI RISO NERO E BROCCOLI

Ingredienti

Riso nero bollito
Broccoli al vapore o in padella antiaderente con olio e uno spicchio d'aglio
Anacardi, timo, hummus di ceci (come contorno)

Commenti delle nutrizioniste

Un'ottima insalata per un pieno di fibre, potassio, fosforo, magnesio e calcio. Gli anacardi sono anche una fonte di ferro.

INSALATA DI QUINOA E AVOCADO

Ingredienti

Quinoa tostata in padella e poi cotta in pentola con acqua (2 parti di acqua salata, 1 di quinoa tostata)
Avocado a cubetti
Pomodorini datterini, semi di girasole
Olio, sale, prezzemolo

Commenti delle nutrizioniste

Questa ricetta è ricca di proteine e fibre grazie alla quinoa e ai semi di girasole, mentre l'avocado fornisce acidi grassi omega-3 e il pomodoro contribuisce con la vitamina C e il licopene.

Gli hamburger vegetali

Di fronte ai più svariati hamburger a base vegetale acquistati in negozio, il migliore è quello fatto in casa. In questo modo si può limitare il contenuto di sodio, controllare gli ingredienti ed evitare aromi artificiali.

Nelle ricette di seguito riportate il procedimento è il seguente: amalgamare gli ingredienti, formare delle polpette e cuocere in forno o in padella.

HAMBURGER DI CECI E ZUCCHINE

Ingredienti	*Alternativa vegana*
Zucchine in padella	Zucchine in padella
Ceci cotti e frullati	Ceci cotti e frullati
Uova, pangrattato	1 cucchiaio di farina di ceci, pangrattato
Parmigiano	Lievito alimentare
Sale, pepe, olio EVO	Sale, pepe, olio EVO

HAMBURGER DI LENTICCHIE E CAVOLO CAPPUCCIO

Ingredienti	*Alternativa vegana*
Cavolo cappuccio viola stufato	Cavolo cappuccio viola stufato
Lenticchie	Lenticchie
1 uovo	2 cucchiai di amido di mais
Pangrattato	Pangrattato
Parmigiano	Lievito alimentare
Sale, pepe, olio EVO	Sale, pepe, olio EVO

IN ALTERNATIVA AL RAGÙ DI CARNE: RAGÙ DI LENTICCHIE

Fate bollire le lenticchie con uno spicchio d'aglio, una cipolla, una foglia di alloro e due carote.

Quando sono cotte e l'acqua è quasi completamente evaporata, aggiungete dei pomodorini a pezzi, quindi mescolate il tutto con spinaci bolliti o al vapore. Aggiustate il tutto di sale e pepe. Il vostro ragù è pronto per essere utilizzato con una classica pasta o per condire delle zucchine alla julienne (che possono sembrare spaghetti).

IN ALTERNATIVA ALLE PATATE: CHIPS DI CAVOLO RICCIO

Accendete il forno a 80 °C (al massimo), lavate e asciugare il cavolo. Riducete le foglie in pezzi di circa 4-5 cm, sistematele in una pirofila con sale e un filo d'olio. Informate per 40 minuti, tenendo socchiuso lo sportello del forno. Estraete quando sono croccanti. Una valida alternativa e altrettanto gustosa alle solite chips!

DOLCETTI DI DATTERI, PISTACCHI E ACQUA DI ROSE

Ingredienti

125 g di pistacchi tostati

200 g di datteri

1 cucchiaio di acqua di rose alimentare

Procedimento

Tritate i pistacchi in un robot da cucina o in un frullatore. Aggiungete i datteri senza nocciolo e l'acqua di rose. Quando il composto sarà compatto, con le mani pulite formate delle palline. Potete passare le palline in altra granella di pistacchi, se volete.

Mettete in frigo e servitele fredde.

Sapori e profumi esotici

Per chi ha ormai preso confidenza con i piatti ricchi di vegetali e vuole cimentarsi nella preparazione di piatti più complessi, alla fine di questo percorso vi proponiamo due ricette della tradizione mediorientale, vegane e senza glutine.

VELLUTATA DI PATATE DOLCI E LENTICCHIE ROSSE AL PROFUMO DI COCCO

Ingredienti

2 cucchiai di olio extravergine d'oliva
1 cucchiaino di semi di coriandolo
1 cucchiaino di semi di cumino
2 scalogni
190 g di lenticchie rosse decorticate
2 patate dolci medie pelate e tagliate a cubetti
1 barattolo di latte di cocco per cucinare
Acqua o brodo vegetale

Procedimento

Scaldate l'olio in una pentola capiente, aggiungete i semi di coriandolo e di cumino e soffriggeteli per 30 secondi a fuoco medio. Aggiungete lo scalogno e mescolate bene. Cuocete per 3 minuti, finché non inizia ad ammorbidirsi. Aggiungete le lenticchie rosse e le patate dolci, seguite dal latte di cocco, dall'acqua e dal brodo vegetale. Portate a ebollizione e cuocete per 25-30 minuti, finché le patate saranno tenere. Aggiustate di sale e pepe.

Frullate fino a ottenere una crema versando il composto in un frullatore o con un frullatore a immersione.

Servite con un contorno di verdure a foglia verde come biete, biete erbette, cicoria o catalogna.

MUJADDARA E INSALATA LIBANESE

Ingredienti

200 g di lenticchie
180 g di riso basmati o a chicco lungo
3 cipolle grandi
1 cucchiaino di sale, pepe a piacere
2 cucchiaini di cumino
Olio extravergine d'oliva

Per l'insalata

2 pomodori a grappolo (o i vostri preferiti) e 1 cetriolo
Opzionale: cipolla rossa
Succo di un limone, 1-2 cucchiai di olio extravergine d'oliva
1 cucchiaio di menta fresca tritata, sale a piacere

Procedimento

Sciacquate le lenticchie sotto l'acqua fredda e poi mettetele in una pentola capiente. Coprite con acqua in modo che ci sia almeno un centimetro d'acqua sopra le lenticchie. Cuocete a fuoco medio per circa 10 minuti (20 minuti per le lenticchie piccole che cuociono più a lungo) o fino a quando saranno tenere. Con le lenticchie nella pentola, aggiungete il riso, il cumino, sale e pepe a piacere (attenzione a non salare le lenticchie secche perché il sale può rallentarne la cottura) e l'acqua fino a coprire il riso e le lenticchie di almeno un centimetro. Aspettate che l'acqua bolla e coprite. Abbassate la fiamma finché il riso sarà cotto e le lenticchie saranno ancora più tenere (circa 15 minuti).

Nel frattempo, scaldate l'olio in una padella separata e rosolate le cipolle a fuoco medio finché non saranno caramellate o di colore marrone scuro. È molto importante continuare a girare le cipolle affinché non si brucino. Aggiungete poi le cipolle nel riso cotto con le lenticchie e mescolate delicatamente.
In una ciotola separata unite i pomodori, il cetriolo, il succo di limone, l'olio d'oliva e la menta.

Bibliografia

P. Angela, *Dieci cose che ho imparato*, Mondadori, 2022
Jean Adrian, Régine Frangne, Jacques Potus, *Dizionario degli alimenti. Scienza e tecnica*, Tecniche Nuove, 2009
N. Cottone, *L'agenda 2030*, «Il Sole 24 Ore», ottobre 2023
G. Donegani, *I pistacchi americani come proteina completa e fonte di fattori protettivi all'interno della dieta mediterranea*, 2022 (Convegno Spazio Nutrizione)
E. Lotta, *Smart Tips*, Corriere.it, settembre 2023
Linee guida per una sana alimentazione – CREA (Centro di ricerca Alimenti e nutrizione), 2018
A. Machado, *Scienza e cultura dell'alimentazione*, Mondadori Education, 2023

Regolamento UE 2015/2283
Reg. CE 178/2002 (Art. 2)
World Food Waste Report, United Nations Environment Programme, 2021

Sitografia

https://www.accademianutrizione.it/blog
https://about.cortilia.it/nati-sostenibili/benessere-animale
www.echa.europa.eu
https://www.agenziacoesione.gov.it/comunicazione/agenda-2030-per-lo-sviluppo-sostenibile
https://sinu.it/tabelle-larn-2014
https://www.inran.it/schede-alimenti
https://www.efsa.europa.eu/it/news/bisphenol-food-health-risk
https://www.iss.it/one-health
https://eurispes.eu/ricerca-rapporto/rapporto-italia-2021
https://www.fao.org/common-pages/search/en/?q=spreco
https://www.fao.org/news/story/it/item/196466/icode
https://www.geopop.it/cosa-vuol-dire-carne-sintetica-come-si-produce-e-quali-sono-pro-e-contro
www.ciwf.it
www.Ilfattoalimentare.it
https://www.agricolturacircolare.org/index.php/farm-to-fork
https://www.wwf.it/cosa-facciamo/mari-e-oceani/pesca-sostenibile
http://www.consumaregiusto.com
https://areariservata.fnob.it/giornalebio
https://www.scienzavegetariana.it/scelta-vegetariana
https://www.sinve.org/scelta-vegetariana
Fonte: Feast in the Middle East https://feastinthemiddleeast.com/2014/04/08/the-magic-of-mujaddara/
Fonte: Sweet Potato Soul https://sweetpotatosoul.com/vegan-winter-soups-three-comforting-soups-to-try-today
Fonte: Hebbar's Kitchen https://hebbarskitchen.com/dal-fry-recipe-dal-recipe-arhar-dal-fry/

Pubblicazioni consultate (www.pubmed.it)

Evidence-based European recommendations for the dietary management of diabetes
Diabetologia, 2023 Jun
Diabetes and Nutrition Study Group (DNSG) of the European Association for the Study of Diabetes (EASD):
Anne-Marie Aas, Mette Axelsen, Chaitong Churuangsuk, Kjeld Hermansen, Cyril W C Kendall, Hana Kahleova, Tauseef Khan, Michael E J Lean, Jim I Mann, Eva Pedersen, Andreas Pfeiffer, Dario RaheliĐ Andrew N Reynolds, Ulf Risérus, Angela Albarosa Rivellese, Jordi Salas-Salvadó, Ursula Schwab, John L Sievenpiper, Anastasia Thanopoulou, Emeritus Matti Uusitupa

Absorption of iron from edible house crickets: a crossover stable-isotope study in humans
Am J Clin Nutr., 2022 Oct
Martin N Mwangi, Dennis G A B Oonincx, Marijke Hummel, Dessy A Utami, Lidyawati Gunawan, Margot Veenenbos, Christophe Zeder, Colin I Cercamondi, Michael B Zimmermann, Joop J A van Loon, Marcel Dicke, Alida Melse-Boonstra

The contribution of edible cricket flour to quality parameters and sensory characteristics of wheat bread Food Sci Nutr., 2022 Aug
Elena Bartkiene, Vytaute Starkute, Konstantinas Katuskevicius, Neringa Laukyte, Markas Fomkinas, Edikas Vysniauskas, Paulina Kasciukaityte, Emilis Radvilavicius, Skaiste Rokaite, Domantas Medonas, Emilija Valantinaviciute, Ernestas Mockus, Egle Zokaityte

Functional, antioxidant, and anti-inflammatory properties of cricket protein concentrate (Gryllus assimilis) Biology (Basel),
[illegible]
María Fernanda Quinteros, Jenny Martínez, Alejandra Barrionuevo, Marcelo Rojas, Wilman Carrillo

Gluten free sourdough bread enriched with cricket flour for protein fortification: antioxidant improvement and volatilome characterization
Food Chem, 2020 Dec; Epub 2020 Jun
Lorenzo Nissen, Seyedeh Parya Samaei, Elena Babini, Andrea Gianotti

The Mediterranean diet and health: a comprehensive overview.
J Intern Med, Epub 2021 Sep; Epub 2021 Aug
M Guasch-Ferré, W C Willett

Effects of the replacement of wheat flour with cricket powder on the characteristics of muffins
Acta Sci Pol Technol Aliment, 2018 Jul-Sep
Paulina Pauter, Maria Różańska, Paulina Wiza, Sandra Dworczak, Natalia Grobelna, Paulina Sarbak, Przemysław ŁKowalczewski

Tutte le fonti sono state consultate nell'ottobre 2023.

Indice

Questa parte di albero è diventata libro
sotto i moderni torchi
di Rotolito S.p.A.
Seggiano di Pioltello (MI)
nel mese di giugno 2024.
Possa un giorno,
dopo aver compiuto il suo ciclo
presso gli uomini desiderosi di conoscenza,
ritornare alla terra
e diventare nuovo albero.